板栗、核桃病虫害
快速鉴别与防治妙招

王天元　编

U0201771

化学工业出版社

·北京·

图书在版编目（CIP）数据

板栗、核桃病虫害快速鉴别与防治妙招 / 王天元编.
—北京：化学工业出版社，2019.11
　ISBN 978-7-122-35127-2

　Ⅰ.① 板…　Ⅱ.① 王…　Ⅲ.① 板栗 - 病虫害防治
②核桃 - 病虫害防治　Ⅳ.① S436.64

　中国版本图书馆CIP数据核字（2019）第191695号

责任编辑：邵桂林　　　　　　　　　装帧设计：关　飞
责任校对：边　涛

出版发行：化学工业出版社
　　　　　（北京市东城区青年湖南街13号　邮政编码100011）
印　　装：北京缤索印刷有限公司
850mm×1168mm　1/32　印张8¾　字数246千字
2020年1月北京第1版第1次印刷

购书咨询：010-64518888　　　　　售后服务：010-64518899
网　　址：http://www.cip.com.cn
凡购买本书，如有缺损质量问题，本社销售中心负责调换。

定　　价：49.80元　　　　　　　　　版权所有　违者必究

前言

　　病虫害防治是板栗、核桃生产的重要保障。在病虫害防治上，过去单一依赖化学药剂防治，由于长期大量使用农药，病虫害产生耐药性，天敌数量严重减少或灭绝，一些过去的次要害虫上升猖獗，造成农药残留污染超标的被动局面。在当前板栗、核桃果品受到高度重视的形势下，果品生产的安全性更多地受到了关注，成为保证安全生产的源头。既要减少化学药剂在板栗、核桃园中的污染，同时又要保证丰产、稳产、高效，已成为果树生产的重要举措。应充分利用整个农业生态系统，应用综合防治方法，采取可持续治理的策略，以控制病虫害。

　　为了适应板栗、核桃生产的需求，结合各地板栗、核桃生产及实践经验，笔者编写了这本书。书中主要介绍了板栗、核桃病虫害症状及快速鉴别、病害病原及发病规律、虫害生活习性及发生规律、虫害形态特征及病虫害的综合防治方法。全书内容详尽，科学实用、通俗易懂、图文并茂，注重内容的科学性和实用性，贴近农业生产、贴近农村生活、贴近果农需要，是果农脱贫致富的好帮手。书中设计了"提示"和"注意"等小栏目，以引起读者的注意。本书适合广大板栗、核桃种植户、果树技术人员及农林院校相关专业师生学习阅读参考。笔者希望读者通过阅读本书，提高板栗、核桃病虫害防治技术，对提质增效有所帮助。

　　在编写过程中，笔者得到了有关专家和单位的大力支持与帮助，参阅了相关书刊，引用了一些果树专家的文献资料和图片，在此对相关单位和个人表示衷心的感谢！

　　尽管笔者从主观上力图将理论与实践、经验与创新、当前与长远充分结合起来写好此书，但由于水平有限，加之编写时间仓促，疏漏和不妥之处在所难免，敬请广大读者批评指正，以便将来再版时修改和完善。

王天元

2019 年 10 月

目录

第一篇　板栗病虫害快速鉴别与防治 / 1

第一章　板栗主要传染性病害的快速鉴别与防治 / 2

一、板栗锈病 …………………… 2
二、板栗叶枯病 ………………… 3
三、板栗白粉病 ………………… 4
四、板栗叶斑病 ………………… 6
五、板栗褐斑病 ………………… 7
六、板栗芽枯病 ………………… 8
七、板栗黄化皱缩病 …………… 9
八、板栗炭疽病 ………………… 10
九、板栗种仁斑点病…………… 12
十、栗软腐病………………… 17
十一、板栗疫病……………… 18
十二、板栗皮疣枝枯病……… 22
十三、栗伞菌木腐病………… 23
十四、栗裂褶菌木腐病 ……… 24
十五、板栗膏药病…………… 25
十六、栗树根腐病…………… 27
十七、栗黑根立枯病………… 29

第二章　板栗主要非传染性病害的快速鉴别与防治 / 31

一、板栗裂果……………… 31
二、板栗落蓬与空蓬症………… 32
三、嫁接不亲和………………… 35
四、板栗日灼症……………… 37
五、板栗黄叶病……………… 38
六、板栗叶片焦枯症………… 40

第三章　板栗常见虫害的快速鉴别与防治 / 43

一、栗大蚜……………… 43
二、栗红蜘蛛………………… 46
三、栗瘿螨…………………… 48
四、栗食芽象甲……………… 50
五、苹掌舟蛾………………… 52
六、绿尾大蚕蛾……………… 55
七、板栗大袋蛾……………… 57
八、木橑尺蠖……………… 59
九、刺蛾………………… 61
十、角纹卷叶蛾…………… 62

十一、板栗毒蛾·············63
十二、板栗舞毒蛾·············65
十三、栗黄枯叶蛾·············69
十四、黄褐天幕毛虫·············70
十五、金龟子类·············73
十六、板栗碧蛾蜡蝉·············75
十七、板栗八点广翅蜡蝉·············76
十八、板栗黑粉虱·············78
十九、栗花麦蛾·············79
二十、板栗巢沫蝉·············81
二十一、栗实象鼻虫·············83

二十二、板栗剪枝象鼻虫·········86
二十三、栗皮夜蛾·············88
二十四、桃蛀螟·············90
二十五、栗实蛾·············92
二十六、栗瘿蜂·············94
二十七、栗绛蚧·············97
二十八、双黑绛蚧·············99
二十九、板栗透翅蛾·············101
三十、天牛类·············105
三十一、板栗大青叶蝉·········109

第四章　板栗病虫害无公害综合防治 / 111

一、植物检疫·············111
二、农业防治·············112
三、物理防治·············113

四、生物防治·············114
五、化学防治·············116

第二篇　核桃病虫害快速鉴别与防治 / 119

第一章　核桃主要传染性病害的快速鉴别与防治 / 120

一、核桃圆斑病·············120
二、核桃楸毛毡病·············121
三、核桃白粉病·············122
四、核桃粉霉病·············123
五、核桃炭疽病·············125
六、核桃黑斑病·············128
七、核桃褐斑病·············132
八、核桃仁霉烂病·············134
九、核桃腐烂病·············135

十、核桃枝枯病·············140
十一、核桃干腐病·············142
十二、核桃溃疡病·············144
十三、核桃桑寄生·············147
十四、核桃膏药病·············148
十五、核桃腐朽病·············150
十六、核桃根腐病·············151
十七、核桃白绢病·············154
十八、核桃根癌病·············156

十九、核桃根朽病…………158　　二十、核桃根结线虫病………160

第二章　核桃主要非传染性病害的快速鉴别与防治 / 162

一、核桃缺素症…………162　　四、核桃幼树冻害及抽条……172

二、核桃日灼病…………169　　五、核桃落花落果…………176

三、核桃水涝…………170

第三章　核桃常见虫害的快速鉴别与防治 / 179

一、核桃缀叶螟…………179　　十八、康氏粉蚧…………223

二、美国白蛾…………182　　十九、核桃蚜虫…………225

三、木橑尺蠖…………185　　二十、核桃黑斑蚜…………228

四、刺蛾类…………188　　二十一、大青叶蝉…………229

五、大袋蛾…………194　　二十二、山楂红蜘蛛…………232

六、核桃瘤蛾…………196　　二十三、核桃举肢蛾…………234

七、核桃银杏大蚕蛾……198　　二十四、桃蛀螟…………238

八、水青蛾…………201　　二十五、核桃果象甲…………240

九、斑衣蜡蝉…………202　　二十六、核桃横沟象…………242

十、舞毒蛾…………204　　二十七、天牛…………246

十一、核桃叶甲…………207　　二十八、核桃小吉丁虫………252

十二、核桃鞍象…………210　　二十九、黄须球小蠹…………255

十三、核桃卷叶象………212　　三十、核桃瘤胸材小蠹………257

十四、金龟子…………212　　三十一、双鬃尖尾蝇…………259

十五、桑白蚧…………214　　三十二、芳香木蠹蛾…………260

十六、核桃草履介壳虫……217　　三十三、六星黑点蠹蛾………262

十七、梨圆介壳虫………221　　三十四、黑翅土白蚁…………264

第四章　核桃病虫害无公害综合防治 / 267

一、无公害防治…………267　　二、综合防治…………271

参考文献 / 274

第一篇

板栗病虫害快速鉴别与防治

第一章

板栗主要传染性病害的
快速鉴别与防治

一、板栗锈病

也叫板栗叶锈病。主要为害板栗幼苗，常造成早期落叶。

1.症状及快速鉴别

只为害栗树叶片。初期叶背散生淡黄绿色小点，叶正面相对部位呈褪绿色小点，后在叶背面产生黄色或褐色泡状锈斑，为锈孢子堆。表皮破裂后散出黄粉，为病菌的夏孢子堆和夏孢子。秋季落叶前在病斑背面产生蜡质状、褐色斑点，不破裂，为病菌的冬孢子堆。严重时在栗果近成熟时，可导致大量落叶，影响产量和品质（图1-1）。

图1-1　板栗锈病为害症状

2.病原及发病规律

为栗膨痂锈菌，属担子菌亚门真菌。

病菌的夏孢子可在病落叶上越冬。病菌生长适温25～30℃。病害多在8～9月发生。土壤瘠薄，根系浅、树势弱，发病重。栗树品种间抗病性差异明显。

3. 防治妙招

（1）**清园**　冬季剪除病枝，扫除落叶，集中烧毁或深埋，减少病源。

（2）**药剂防治**　板栗萌芽前可喷1次3波美度石硫合剂，或1：1：100倍的波尔多液。发病前可用1：1：160倍波尔多液，或50%多菌灵可湿性粉剂600～800倍液等药剂喷雾防治。

二、板栗叶枯病

也叫枯叶病。

1. 症状及快速鉴别

叶片染病，在叶脉间或叶缘、叶尖处产生圆形至不规则形病斑。病斑浅褐色至灰褐色，边缘色深，外围具黄色晕圈，分界明显。分生孢子器成熟后病部产生很多黑色小粒点，即病菌分生孢子器。随后病斑迅速扩大，呈不规则大面积干枯，由叶尖开始大面积枯死，可达叶片的1/2。9月中下旬开始大量落叶，10月中下旬导致二次萌芽抽梢，新萌发枝梢冬季枯死，极易诱发板栗疫病，并引起树体整株死亡（图1-2）。

图1-2　板栗叶枯病为害症状

2. 病原及发病规律

为半知菌亚门真菌。

病菌以菌丝和分生孢子器在病株上或病叶病残体上越冬。翌年春季条件适宜时从菌丝上产生分生孢子，靠风雨传播。6～8月高温多雨季节进入发病期，8～9月为发病盛期。高温、多雨的年份发病重。植株下部叶片发病重。土壤缺肥、植株生长势弱易发病。

3.防治妙招

（1）加强栽培管理　精心养护，适时施肥浇水，土壤贫瘠地块要培肥地力，增强树势。

（2）清园　发现病落叶及时清除，减少初侵染源。

（3）药剂防治　萌芽前可喷3波美度石硫合剂1次，或1∶1∶100倍的波尔多液。发病前可喷1∶1∶160倍波尔多液，或50%多菌灵可湿性粉剂600～800倍液。

三、板栗白粉病

1.症状及快速鉴别

主要为害板栗的叶片和嫩梢（图1-3）。

（1）叶片受害　先在叶面产生近圆形或不规则形的褪绿病斑。随着病斑逐渐扩大，在褪绿斑上逐渐产生白色粉层，即病原菌的菌丝体、分生孢子梗和分生孢子。秋季病斑颜色转淡，在白色粉层上产生初为黄白色，后变为黄褐色，最后变为黑褐色的小颗粒状物，即病原菌的有性世代子囊壳。病叶正面、背面均可产生白色粉层。

（2）嫩梢受害　被害新梢表面也产生白色粉层，布满灰白色粉状物。严重时幼芽和嫩叶不能伸展，影响生长发育。叶色失绿，叶面皱缩卷曲凹凸不平，甚至引起早期落叶。嫩梢枯死。

图1-3　板栗白粉病为害症状

2.病原及发病规律

为白粉菌,包括两种:①桤叉丝白粉菌,无性世代为栎粉孢霉,白粉层发生在叶正面;②球针白粉菌,无性世代为拟卵孢霉,白粉层发生在叶背面;均属子囊菌亚门真菌。

病原菌的子囊壳主要在板栗病落叶、病梢上或土壤内越冬。翌年春季4~5月由闭囊壳释放出子囊孢子,借气流传播,侵染到新嫩叶、新嫩梢上进行初次侵染。后在板栗生长季节多次产生白色粉状分生孢子进行再侵染。9~10月形成子囊壳。

一般在4月上、中旬~5月中旬开始染病,初期叶片出现近圆形或不规则形块状褪绿病斑。随后病斑逐渐扩大,6~7月病情达到高峰。8~9月高温、干旱病情稍缓和。10~11月中旬在白粉层上产生大量闭囊壳,在病叶或病梢上越冬,进入越冬期。

栽植过密,低洼潮湿,通风透光不良,或光照不足,都有利于病原菌侵染和流行。幼树和苗木发病较重,大树发病较少。苗圃地偏施氮肥,磷、钾肥不足,苗木徒长,发病严重。高氮、低钾以及土壤条件差的板栗园,有利于病害的发生。低氮、高钾以及硼、硅、铜、锰等微量元素充足,对病害有明显的减轻作用。入夏后气候温暖、干燥,板栗生长势下降,气孔开张时间过长,均有利于病菌的侵染,发病严重。

3.防治妙招

(1)**清园** 秋后扫除栗园内落叶。结合冬剪剪除病枝。彻底清除病枝梢和落叶,并及时集中烧毁。耕翻林地或圃地土壤消灭越冬病源。全园喷施护树将军减少越冬病菌,减少翌年病菌源。翌年春季板栗即将萌芽时喷施杀菌剂+护树将军进行预防。早春经常检查,及时摘除病芽、病梢。

(2)**加强栗园综合管理** 合理施肥,不偏施氮肥,重病区适量增施有机肥和磷、钾肥,控制氮肥,增强树势,提高植株抗病力。

(3)**药剂防治** 春季嫩芽刚破绽时可喷洒1波美度石硫合剂,或25%粉锈宁1000倍液。开花后10天再喷1次。

在4~6月发病初期可喷0.2~0.3波美度石硫合剂,或1:1:100倍波尔多液，每隔约15天喷1次，连续喷2～3次。发病期可喷70%的甲基托布津1000倍液，或50%的多菌灵800～1000倍液，或退菌特可湿性粉剂800～1000倍液等药剂，均可抑制病害的发展。

提示　全园喷施杀菌剂进行防护时，可配合新高脂膜800倍液混合使用，能使高毒农药为中毒，中毒农药为低毒，低毒农药为微毒；还能控制农药挥发飘逸，防止雨水冲刷，降低用药量（减半），提高防治效果（多倍）。

四、板栗叶斑病

也叫轮纹叶斑病、轮纹褐斑病、黄斑病等。

1.症状及快速鉴别

发病初期，在板栗叶脉之间、叶缘及叶尖处形成近圆形或不规则形的黄褐色病斑，直径0.4～2厘米，边缘色深，外围叶组织褪色，形成黄

图1-4　板栗叶斑病症状

褐色晕圈。随着病斑的扩大，叶面病斑内陆续出现小黑粒体，即病原菌的分生孢子盘和分生孢子。发病后期小黑粒体增多并密集相连，排列成同心轮纹状。病斑枯死后常混生其他腐生性真菌。严重时可造成早期落叶，影响板栗树的正常生长，对苗木和幼树为害较大（图1-4）。

2.病原及发病规律

为茎点霉，属半知菌亚门真菌。

病原菌以分生孢子盘或分生孢子在病落叶病斑上越冬，为翌年初次侵染的病菌来源。多发生在夏、秋季节，一般以秋季发病严重。

3.防治妙招

（1）消灭越冬病原菌　清除落叶、病枝，带出栗园集中烧毁，消灭越冬病原菌。

（2）**提高抗病能力** 改善栗园通风、透光条件。加强肥水管理，提高栗树的抗病能力。

（3）**药剂防治** 发病前，可喷1：1：（120～160）倍的波尔多液进行预防。或在栗树发芽前喷2～3波美度的石硫合剂，或5%硫酸铜溶液防治，也有良好的防治效果。

五、板栗褐斑病

为害栗树叶片。

1.症状及快速鉴别

发病初期，栗叶上产生褐色小斑点，后逐渐扩大为6～10毫米的近圆形、褐色至暗紫色病斑。病斑周围有黄色晕圈，中央散生黑色小粒点，为病菌的分生孢子器。叶片上多个病斑相连时易引起早期落叶（图1-5）。

图1-5 板栗褐斑病为害症状

2.病原及发病规律

为子囊菌亚门真菌。

病菌在病叶上越冬。翌年春季产生子囊孢子，侵染叶片。多在7月始见病斑，9月份病斑急增。严重时易引起早期落叶。

3.防治妙招

（1）**清园** 清扫落叶，集中烧毁或深埋。

（2）**提高抗病能力** 改善栗园通风、透光条件。加强栽培管理，提高栗树的抗病力。

（3）药剂防治　发病期前叶面喷1∶1∶（120～160）倍的波尔多液进行预防。或在栗树发芽前喷洒2～3波美度石硫合剂，或5%硫酸铜溶液防治，有良好的防治效果。

六、板栗芽枯病

1.症状及快速鉴别

可为害板栗树芽、叶片、新梢和花穗（图1-6）。

栗芽绽开时病芽呈水渍状，后变褐枯死。

幼叶发病，产生水渍状暗绿色病斑，后整个小叶变为黑褐色枯死。叶片发病，产生水渍状小斑点，不久变成褐色，周围有黄绿色晕圈。叶脉发病，叶片呈扭曲状，最后叶片变褐向内卷曲。叶柄也可受害，主脉和叶柄发病，往往蔓延到着生的新梢上。

新梢发病时，往往引起花穗枯死脱落，在新梢上留下疮痂状痕迹。

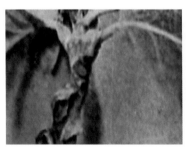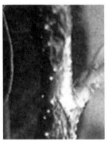

图1-6　板栗芽枯病为害症状

2.病原及发病规律

为叶点霉，属半知菌亚门真菌。

病菌以菌丝体或分生孢子器在枝梢病组织中越冬。翌年春季气温升到10℃、相对湿度约80%时开始形成分生孢子，在水湿条件下释放出来，借助雨水和气流传播蔓延，侵染幼嫩芽叶，经2～3天潜育产生病斑。病害属低温型病害，气温20～25℃进入发病盛期，随着气温的升高病害停止扩展。全年发病时期为4～7月下旬。多发生在

3～5年生幼树。风口、山谷，土壤石砾含量高，地面附属物少，有灼伤或冻害的栗树易感病。品种间发病有明显的差别。

3. 防治妙招

（1）剪除病梢，收集病叶，带出园外集中烧毁。

（2）栽培抗病品种。如燕山早丰、大油栗等。

（3）发芽前树上喷洒3波美度的石硫合剂，或1∶1∶160倍的波尔多液。生长季节在发病初期，可喷50%的多菌灵可湿性粉剂600～800倍液，或50%苯菌灵可湿性粉剂1500倍液，或50%甲基硫菌灵可湿性粉剂1000倍液，或70%甲基托布津可湿性粉剂900～1000倍液，或47%加瑞农可湿性粉剂700～800倍液，或30%绿得保悬浮剂400～500倍液，或农用链霉素50～100毫克/千克。

七、板栗黄化皱缩病

1. 症状及快速鉴别

为害板栗叶片和栗果。导致叶片黄化、皱缩，枝条变脆、节间缩短。严重时可造成板栗果皮褶皱、瘪小、空壳甚至整株不结实（图1-7）。

图1-7　板栗黄化皱缩病为害症状

2. 病原及发病规律

为板栗植原体病害。植原体原称类菌原体，是一种无细胞壁的单细胞原核微生物。植原体是植物筛管的专性菌，主要分布在病株韧皮组织中的筛管细胞、伴胞、韧皮薄壁细胞及韧皮纤维中。在传毒媒介中，主要分布在昆虫的唾液腺和脂肪组织中。常常引起丛枝，新叶黄化、卷曲变小、边缘干枯、病叶易脱落，新梢节间缩短，花变叶，衰退，矮化等症状。

3.防治妙招

由于长期以来板栗黄化皱缩病被推断为生理性或病毒性病害，"对症下药"无从谈起，栗农更是束手无策。目前，涉及板栗黄化皱缩病防治的一些关键问题尚待研究。主要防治措施：

（1）从源头上把关，加强检疫。划定不同程度病区，杜绝从病区、病树上采集接穗等嫁接繁殖材料。

（2）培育无病毒苗木。建立无病苗圃，可以防治植原体或其他病害。

（3）加强栽培管理，提高树体抗病能力。防治好害虫，消灭害虫传播媒介，避免传毒。

（4）进行四环素类抗生素药剂治疗。植原体对四环素敏感，而对青霉素不敏感，对黄皂苷有抵抗力。使用四环素类抗生素药剂治疗，可以延迟或减轻植原体病害症状，但是一旦停止使用病状又会恢复，不能得到真正的治愈。

八、板栗炭疽病

是一种常见的板栗主要病害，在我国板栗产区普遍发生，可引起大量果实腐烂，也为害新梢和叶片。贮藏不善易导致种仁腐烂不能食用，影响产量和质量，造成重大损失。

1.症状及快速鉴别

主要为害板栗叶片和果实，也可为害栗蓬、新梢、枝干等。

（1）**叶片受害**　叶片出现暗褐色、圆形或不规则形病斑。后期病斑边缘生有小黑点，即病原菌的分生孢子盘，中央为灰白色（图1-8）。

（2）**新梢受害**　形成椭圆形或不规则形，黑褐色凹陷病斑，病斑表面可产生粉红色黏液。

（3）**栗蓬、栗果受害**　多从栗蓬开始发生，逐渐蔓延到果实上。

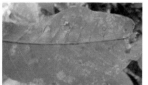

图1-8　板栗炭疽病为害叶片症状

栗蓬表面变为黑褐色，可产生小黑点和粉红色黏液。果实上多从顶部（尖部）开始出现圆形、褐色至黑褐色病斑，表面常产生灰白色菌丝，形成"黑尖果"。后期病果果肉干腐皱缩，味苦（图1-9）。

图1-9　板栗炭疽病为害栗蓬、栗果

（4）枝干受害　呈圆形黑色病斑，较光滑，失水后下陷腐烂，后期逐渐枯死。受害栗芽病部褐色呈水渍状腐烂，如开水烫伤后的萎蔫症状。潮湿时产生粉红色的分生孢子堆。新梢最终枯死，小枝发病易遭风折。

2.病原与发病规律

为胶孢炭疽菌，属半知菌亚门真菌。

病菌主要在枝条上以菌丝体在活体的芽鳞内、枝条内潜伏越冬，地面上的病叶、病果均为越冬场所。条件合适时10～11月可长出子囊壳。翌年4～5月小枝或枝条上长出黑色分生孢子盘。分生孢子经风雨或昆虫传播，经皮孔或从表皮直接侵入侵染为害。落花后不久至果实生长后期均可受害，果实在采收后仍可继续发病。采后栗蓬、栗果大量堆积，如果不能迅速散热，会加重栗果腐烂。

板栗炭疽病菌喜高温、高湿环境。湿度影响最大，雨季发病严重。树势衰弱，管理粗放，多雨潮湿，荫蔽的栗园发病重。果实伤口多，在贮运期间发病严重。

3.防治妙招

（1）冬季结合修剪，剪除病枯枝，带出栗园外集中烧毁。

（2）冬季清园后，可喷施1次50%多菌灵可湿性粉剂600～800倍液。生长期的4～5月间和8月上旬，从落花后约半个月开始喷药，10～15天喷1次，连喷2～3次，可喷0.2～0.3波美度的石硫合剂，或0.5%石灰半量式波尔多液，或65%代森锌可湿性粉剂800倍液，或70%甲基托布津悬浮剂800～1000倍液等药剂。

（3）果实发育期及时防治害虫，避免造成伤口，减少病菌的入侵机会。

（4）严格掌握采收各个环节，做到适时采收，不要提早抢青。栗果沙藏时，可先将沙用50%噻菌灵可湿性粉剂1000倍液湿润，贮温以5～10℃为宜。

> **提示**　栗果采收后，提倡不超过4小时立即进行冷库贮藏。

九、板栗种仁斑点病

也叫栗种仁干腐病、栗黑斑病、板栗内腐病。是由于病菌侵染或者保存不当导致黑斑、霉变、霉烂的一种病害总称。在河北、山东等主要板栗产区发病比较普遍，是板栗贮运和销售期间的重要病害。病栗果在收获期与好果没有明显异常，到了贮运期常在栗种仁上形成小斑点，引起腐烂变质。使栗商及炒商受到严重的经济损失。栗商在收购板栗时常用"开口笑"方法进行检测。即将栗果用刀划开小口，用开水煮栗果2分钟，立即用凉水拔凉，剥开栗果皮层，观察栗仁外有无斑点及内部腐烂情况。一般取100粒计算出发病情况。

1.症状及快速鉴别

板栗种仁上产生黑灰色、黑色或墨绿色腐烂病斑，并逐渐变成干腐，出现空洞，空洞内有灰黑色菌丝丛，种仁易粉碎。病部常被细菌感染变成软腐，产生异臭味。种皮表面也覆有黑灰色菌丝层，种皮下形成粒点状子座。栗果贮藏时种皮常破裂露出病菌子座，呈疮痂状。有时从种皮外观看无明显变化，但里面种仁已变黑腐烂。还可为害栗树枝干，引起干腐病（图1-10）。

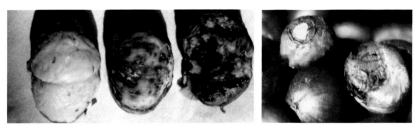

图1-10　板栗种仁斑点病为害症状

栗种仁斑点病症状主要表现为以下3种类型。

（1）黑斑型　种皮外观基本正常，在栗种仁表面产生大小不一、形状不规整的黑褐色、灰黑色至炭黑色坏死病斑，深达种仁内部，病斑剖面呈灰白色、褐色、灰黑色、炭黑色等。部分病栗果切面有灰白色、赤黑色、灰黑色的条纹状空洞。

（2）褐斑型　在栗种仁表面形成深浅不一的褐色坏死斑，深达种仁内部，种仁剖面呈白色、淡褐色、黄褐色，内有灰白至灰黑色条状空洞。

（3）腐烂型　栗种仁变成褐色至黑色软腐或干腐。

3种类型中前两种约占90%，前期以褐斑型居多，后期以黑斑型占多数。腐烂型症状是坏死斑点的后期表现，随着贮存时间的延长逐渐增多。

2.病原及发病规律

病原菌比较复杂，多为葡萄座腔菌、拟茎点霉、镰刀菌、暗色座腔孢等真菌复合侵染，其中以子囊菌亚门葡萄座腔真菌为主。病菌在栗树的枝干病患部形成子座，子座内混生分生孢子器和子囊壳。分生孢子无色、单胞，长纺锤状。子囊棍棒状，双层膜，顶部较厚，内含8个子囊孢子，呈两行不规则形排列。子囊孢子单胞，纺锤形。病菌发育温度为20～30℃，最适温度为28℃。

据河北农业大学报道，栗种仁斑点病菌主要有炭疽病菌、链格孢菌、茄腐皮镰刀菌、三隔镰刀菌、串珠镰刀菌、拟展青霉菌。从病菌的分离培养和接种致病结果看出，炭疽菌和链格孢菌是种仁黑斑型症状的主要致病菌，镰刀菌和拟展青霉菌是褐斑型症状的主要致病菌，腐烂型则是种仁黑斑型和褐斑型症状的后期阶段。

病原菌在板栗树枝干病斑上越冬。病菌孢子借助风雨传播侵染果实。在板栗生长期间幼果即已带菌，但发病率很低，平均受害率为0.5%。8月底至9月初在板栗近成熟期开始发病，即将成熟时表现出受害症状。成熟至采收期病果粒稍有增多，采收期病粒率约3%，仍不至于造成严重的损失。采收后常温下经过湿沙贮藏、预选、交售和运输销售等环节过程中病害逐渐发展，病情迅速加重，病粒率提高，平均达8%。加工挑选为商品栗过程中病粒继续增多，平均为10%，达到最高峰。此后随着气温降低发病率不再继续增加。

病害的发生发展与温度、栗实失水及栗瘿蜂为害有关。沙藏温度在约25℃时有利于病害发生发展，15℃以下时病害发展缓慢；5℃以下时基本停止发展。种仁表面失水有利于病害发展，但过多失水病斑扩展缓慢。幼树、壮树发病轻，老树、弱树发病重。通风透光良好栗园发病轻，通风不良的密植园发病重。病虫害、机械伤多的板栗园发病重。栗瘿蜂为害重的发病较重。成熟越早的品种内腐越严重，中熟品种内腐较轻，晚熟品种抗病性强基本上无内腐。特别是没有嫁接过的大老实生栗树成熟采收较晚的，栗果基本上无内腐。贮运过程中机械损伤多，会加重栗果病害的发生，发病重。

（1）品种　整体而言，早熟品种和南方品种容易发生内腐。所以，从全国来讲，南方板栗耐贮性差容易发生内腐。在同一地区晚熟品种内腐发生的概率比早熟品种要轻得多。

（2）采收　没有充分成熟的板栗含水量很高，组织柔嫩，极易腐烂。在栗蓬大部分转黄且有2/3开裂时采收，或者适当晚采几天，板栗内腐发生的概率低。雨天和雨后或早晨露水未干时采收板栗也容易发生内腐。因板栗处于高温的环境下板栗外壳吸水，水分渗入板栗内，创造了病菌寄生的适宜环境条件。

一般栗农采用捡拾自然落果和长杆击落采收。自然落地采收的栗果发育成熟，外观和风味良好，不易内腐。采用长杆击落抢青采收，板栗壳和栗仁都未充分成熟，风味降低，极易霉烂。

（3）脱粒　栗蓬采收后堆放的时间过长，或将栗蓬堆得过厚、堆压得过于严实，都可能造成堆内发热。如果堆内温度超过50℃以上就会烧死胚芽，子叶变质。合理堆放栗蓬经过一段较短时间后（3～5天），能促进板栗后熟和着色，有利于贮藏，可降低板栗内腐的发生。

用棍棒敲打、脚踩搓栗蓬、扒蓬机等方式脱粒，极易造成栗果局部机械损伤，导致真菌感染栗仁发生内腐。用手掰开扒出的栗果没有经过损伤，病菌侵染率较低。

（4）**病菌侵染**　是板栗内腐病发生的主要原因。由于板栗顶端柱头及板栗壳多孔纤维状结构，极易被病菌（真菌）侵入。条件适宜时就会造成内腐发生。在栗树上生长着的板栗也会有内腐的发生。此外，象鼻虫、桃蛀螟等虫害造成伤口，也易导致腐烂发生。

（5）**贮藏**　贮藏期间能否保持适宜的温度是板栗贮藏成败最关键的环节。温度、湿度、二氧化碳和氧气含量的过高或过低，都会导致板栗热伤、冻伤、风干或缺氧的发生，使板栗内腐发生概率大大增加。

板栗在贮藏期间含糖量变化和呼吸强度的状况影响内腐发生概率。开始贮藏时糖分不断增加，此时最易发生内腐。同时板栗呼吸旺盛，随着温度升高而加强，霉烂板栗呼吸更加旺盛，放出呼吸热更多。这样的高温会导致病菌进入活动状态，促进病菌繁殖，使板栗生理机能被破坏，内腐率大大增高。

（6）**环境气候**　板栗内腐还与当地的年降水量、温度等有关。降水过多或过少，水分分布不均匀，春季干旱后期雨水多；温度过高或过低，都可能造成一个板栗产区或者一个产区中的某些品种发生严重内腐。

工业企业排出的废气、废水、废渣等都对板栗的生产严重不利。大气等环境污染也会引起板栗内腐病。

（7）**栽培管理**　树体郁闭，只施用化肥，少施或不施用有机肥，化肥中氮肥过多、磷钾肥不足，容易得内腐病。坚持少用化肥多施有机肥是解决内腐病的重要措施。

（8）**缺钙**　生长期缺钙（类似于苹果苦痘病），造成板栗贮藏期严重发病。

3.防治妙招

（1）**农业防治**　加强栗园栽培管理，增强树势，提高树体抗病能力。全园深翻，刨树盘，灭草荒，合理施肥、及时灌水和排水。采用开心控冠更新修剪，保持栗园通风透光，剪除过密枝和干枯枝。减少树上枝干发病，及时防治其他病虫害。

（2）**清园**　结合板栗修剪，清除病残体，剪除病枯枝，带出园外集中烧毁或深埋，减少病菌侵染来源。及时刮除树上干腐病斑，生长季节经常检查，小枝上发现病斑，将枝条剪除，带出园外集中深埋或烧毁。

（3）**主干、大枝上发现病斑应及时刮除**　用刮刀将病斑及其周围约1厘米的好组织刮去，边缘要平滑呈圆弧形。刮净病组织后再涂甲硫•萘乙酸，或斯米康15倍液，或福涂100倍液等杀菌剂。将刮掉的病树皮带出栗园，集中深埋或烧毁。

（4）**适时采收，严防栗果风干**　栗果自然成熟落地时采收，捡拾自然成熟脱落的栗果，不要打青，减少栗果机械损伤。采收后用7.5%的盐水漂洗果粒，除去漂浮的病果粒，将好果粒捞出晒干再进行贮藏。贮藏期间保证正常的温、湿度，自然温度一般掌握在10℃以下。同时为了减少霉烂，应及时脱粒销售。

捡拾后的栗果快速收购、分选、运输，尽量缩短板栗在常温下贮运的时间，栗商收购后保证栗果尽快（最好4小时以内）进入5℃以下的低温冷藏库，这是控制病情的有效措施。

> **提示**
> 捡拾的栗果、贮藏、收购过程中禁止加水，以免造成栗果含水量的急剧变化，降低抗病能力。避免货温升高，注意运输过程中的堆放形式及单位体积中的存放数量，避免因呼吸热无法散出而增高货温，加速病情发展。打青抢收和"捂栗苞"都是导致内腐发生的主要原因，及时入冷库是避免内腐的重要措施。
> 对于栗农来说，拒绝打青采收，不用脱蓬机脱栗果，及时向栗商销售；对于栗商来说，收购后最好4小时以内运至低温冷藏库贮藏。把握住上述采收后的环节，病害即可得到有效的控制。

（5）**缺钙造成贮藏期发病严重的进行补钙** 防止板栗缺钙的有效方法是施用有机肥，改善土壤物理结构和化学性能，使土壤释放较多的活性钙，满足栗树生长发育的需要。其次是叶面喷布氯化钙、硝酸钙、氨基酸钙等活性钙，直接补充钙素营养。

> **提示** 北方栗园施用石灰会破坏土壤结构，而且施用石灰还会被土壤固定。

（6）**药剂防治** 冬季清园后，可喷40%灭病威600～700倍液，或50%多菌灵可湿性粉剂600～800倍液。4～5月和8月上旬各喷1次0.2～0.3波美度石硫合剂，或0.5%石灰半量式波尔多液，或65%代森锌可湿性粉剂800倍液。

板栗花叶病、叶枯病严重的，50%的栗果都会发生内腐。在春季萌芽前用5波美度的石硫合剂，或过氧乙酸兑40倍水，也可用斯米康300～400倍液等杀菌剂，进行全树封闭喷布，进行封杀消毒。

> **提示** 过氧乙酸不要溅到手上，以免造成灼伤。

6月上旬板栗开花时，叶面可用苯甲·嘧菌酯＋0.3%尿素＋0.3%磷酸二氢钾进行喷雾，杀菌剂和叶面肥一起同时进行，起到肥药双效作用。遇到降雨可间隔7天喷1次；如果没有降雨可间隔15天喷1次，一年连续进行3次。花叶病、叶枯病得到治愈，栗果也不会内腐了。

十、栗软腐病

1.症状及快速鉴别

栗果灰白色霉烂，略软化，重量减轻。表面产生灰白色绵状霉，后期出现点状黑霉，即病原菌的菌丝、孢子囊梗和孢子囊（图1-11）。

2.病原及发病规律

为黑根霉，属接合菌亚门真菌。

病菌寄生性弱，分布十分普遍，可在多种植物上生活。条件适宜

图1-11 栗软腐病症状

时产生孢子囊，释放出孢囊孢子，靠风雨传播。病菌从伤口，或生活力衰弱、遭受冷害等部位侵入。病菌分泌果胶酶能力强，导致病组织呈糨糊状。在破口处又可产生大量孢子囊和孢囊孢子进行再侵染。气温23～28℃，相对湿度高于80%时易发病。果实伤口多发病重。

3.防治妙招

（1）加强土肥水管理，保证树体通风透光。

（2）防止栗果产生日烧。果实成熟后及时采收，不要长时间挂在枝上。落地栗果及时捡拾避免风干。发现病果及时摘除，集中处理。雨后及时排水，防止湿气滞留，注意通风换气。

（3）筛选、分级及贮运时注意避免或减少机械伤口。

十一、板栗疫病

也叫干枯病、溃疡病、腐烂病、胴枯病，是一种世界性的板栗枝干重要病害，同时也可为害刺苞和根系。

1.症状及快速鉴别

板栗苗木及大树均可受害，主要为害主干、主枝、侧枝及小枝。

病菌从伤口侵入主干或枝条后，初期在光滑的树皮上形成圆形或不规则的水渍状、边缘呈不规则略隆起的黄褐色至红褐色病斑。在粗糙的树皮上病斑外观无法辨认，但剥开树皮，受害处皮层呈深褐色至黑褐色，边缘不明显，韧皮部变色死亡，形成典型的溃疡和烂皮。当生长旺盛的枝条受害后病斑周围发生隆起的愈伤组织，尤其病部上端较多。围绕枝干发生溃疡后上部枝叶逐渐枯萎，叶片停止生长变成黄色或红褐色，继而凋落。病枝溃疡下方常有不定芽萌发成簇的徒长枝（图1-12，图1-13）。

图1-12　栗疫病为害板栗大枝干症状

图1-13　栗疫病为害小枝症状

2.病原及发病规律

为栗疫菌，属子囊菌亚门真菌。

病菌为兼性寄生菌，病菌主要以病树上的菌丝、子座、成熟或未成熟的子囊壳和少量分生孢子器及分生孢子在病株枝干、枝梢或以菌丝形式在栗果等病组织内越冬。分生孢子可借助风、雨、昆虫（板栗透翅蛾、栗瘿蜂、栗大蚜、栗花翅蚜、大臭蝽等）或鸟类进行传播。子囊孢子和分生孢子都可侵染。分生孢子是翌年初侵染的主要来源，孢子萌发后从伤口侵入，日灼、冻伤、虫咬伤、嫁接、修剪以及人为因素造成的伤口，均为病原菌侵入创造了有利的条件。伤口不仅可作为病原菌侵入的通道，而且可为病原菌提供养分，使菌丝体得以扩展深入寄主组织，引起潜伏侵染性病害。

病害的发生与立地条件、气候、树体状况及经营管理水平有着密切的关系。一般栗园在阴坡、地势平缓、土层深厚、土壤肥沃、排水良好、经营管理水平高时栗树生长旺盛，抗病力强，发病低或不发病；反之发病率高。与温、湿度也有密切关系，雨水多、湿度大发病严重。幼龄栗树当年发病和枯死率高，随着栗树树龄的增高，累积发病率也增高。不同栗树品种之间的抗病力存在一定的差异。

3.防治妙招

必须采取以加强栽培管理，壮树防病为中心；以清除病菌，降低栗园菌量为基础；以及时治疗病斑，防止死枝、死树为保障；同时结合保护伤口、防止冻害等措施，进行综合治理。

（1）**壮树防病**　培育壮树是控制病害为害的根本。加强栗园管理，增强树势，提高抗病能力。科学施肥，做到均衡施肥。合理灌水，早春早灌，秋季适当控水。合理负载，疏花疏果，控制结果量。合理修剪，减少伤口，调整枝量。保叶促根，培育壮树，避免早期落叶。

（2）**选用抗病品种**　注意筛选和利用抗病力强的板栗品种。

（3）**病斑治疗**　及时治疗病斑是防止死枝、死树的关键。春季4月上旬气温升高，真菌开始活动，要经常检查，见到树皮腐烂鼓起出现病斑，对病斑及时进行治疗。用刮刀将病组织彻底刮除，深达木质部，将变色组织刮净后应向健皮处外延伸0.5厘米。刮口圆滑，上侧立茬，下侧斜茬。将刮下的树皮、病枝等彻底带出栗园集中烧毁。

提示　刮除主干及大枝条上的病斑，剪除小病枝。病斑刮除要彻底，深度达木质部，刮下的树皮和剪下的病枝集中烧毁。

伤口处可用甲硫·萘乙酸涂刷，可以彻底治愈病斑。可先用过氧乙酸加水2倍涂刷病斑，直到不冒泡为止，变干后再涂甲硫·萘乙酸，严重的过20天后再涂抹1次效果更好，愈合好后没有疤痕（图1-14）。

重要提示　也可用斯米康15倍液、福涂100倍液进行涂抹。过氧乙酸不要溅到手上或粘在皮肤上，避免皮肤灼伤。

（a）刮净病皮　　　（b）喷过氧乙酸　　　（c）涂刷甲硫•萘乙酸

图1–14　刮治病斑，伤口药剂保护

（4）**清除病菌**　降低栗园菌量是控制病害严重发生的基础。注意栗园卫生，清除死枝，刨除严重的病树，及时带出栗园集中烧毁，减少菌源。

注意　果树剪、锯等修剪工具常用0.1%的升汞水，或果树修剪工具消毒液进行消毒，防止人为地用带毒工具传播健康的栗树。

（5）**加强检疫**　防止带菌苗木、种子、接穗传到无病区。如果必须从病区调入苗木，除严格进行检验外，还需在萌芽前喷洒3～5波美度的石硫合剂，或1∶1∶160倍的波尔多液，或用0.5%福尔马林浸苗30分钟，或5%氯酸钠水溶液浸苗5分钟。消毒杀菌后再进行定植。

（6）**避免树体产生机械损伤**　严防人畜损伤树体，减少病菌侵染伤口机会，减少发病概率。一旦造成伤口应及早用波尔多液，或0.5波美度石硫合剂等杀菌剂，或美源愈合剂涂抹受伤的部位和枝条的剪、锯口。对嫁接接口也应加强保护。

（7）**积极防治蛀干害虫**　板栗透翅蛾和天牛为害板栗树干后往往引发栗疫病，造成树干腐烂，加速树体死亡。在板栗的整个生长期中发现有害虫为害嫩梢和叶片严重时，应立即喷板栗虫净或菊酯类农药，进行有效防治。

提示　板栗树严重的病斑及粗皮里面隐藏着许多板栗透翅蛾等害虫，病斑提供了害虫的生存环境；害虫产卵将栗疫病菌传播，造成"病养虫，虫传病"的恶性循环（图1-15）。

图1-15 板栗透翅蛾、栗疫病病虫共生

（8）**喷药预防** 早春板栗发芽前，可喷1次3～5波美度的石硫合剂。发芽后再喷1次0.5波美度的石硫合剂，也可用斯米康（辛菌胺）400～600倍液，或福涂（克菌·戊唑醇）1000～1500倍液进行全面喷雾，每隔15天喷1次，连喷3次。3月下旬～5月下旬刮除病斑皮层，每隔15天对枝干喷洒或涂抹70%甲基托布津可湿性粉剂400倍液，或40%多菌灵可湿性粉剂300倍液，对板栗疫病均有明显的治疗效果。

（9）**晚秋树干涂白** 枝干涂白可防止冻害和日灼。用石硫合剂原液＋食盐＋生石灰＋甲霜灵锰锌＋水（1∶1∶6∶0.5∶20）配制而成。也可用传统的白涂剂配方：生石灰12～13千克，食盐2千克，油脂0.2千克，清水36千克混合制成。涂刷树干能够减轻冻害避免伤口，防止栗疫病的发生。

（10）**桥接复壮** 对已经产生大病斑的衰弱树体进行病斑治疗的同时，应及时桥接恢复树势。

> **提示** 如果在主干上有大病斑，而且基部有合适的萌条，可将萌条接于病斑上部的健皮内；如果没有合适的萌条可用，也可在树体周围栽植栗树苗，成活后进行嫁接。

十二、板栗皮疣枝枯病

1.症状及快速鉴别

主要为害枝干、枝梢，1～8年生嫁接栗树的一年生枝受害最为严重。病部初期为黄褐色、水渍状的小块病斑，迅速扩展，向下蔓延，表皮出现许多直径1～4毫米疣状隆起的小粒点，后期突破表皮开裂，露出绒状的分生孢子盘，5月上中旬可在分生孢子盘上产生深褐色不明显的乳头状突起，即子囊座。板栗发芽明显受阻，严重影响芽、叶萌发，病树当年通常不结果，为害严重时造成枝干或全株枯死（图1-16）。

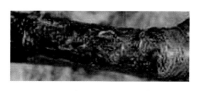

图1-16　板栗皮疣枝枯病症状

2.病原及发病规律

为栗棒盘孢，属半知菌亚门真菌。

以菌丝体、子座和分生孢子盘在病部组织中越冬。借风雨、昆虫及人为活动传播，从刀伤、虫伤和嫁接等伤口和皮孔侵入。病菌属弱寄生菌，在外界影响下引起树势衰弱时才会发生病害。栗树生长旺盛很少发病或不发病，反之发病重。未清理的病枯枝梢是病害的主要侵染源。在春季3月底～4月初发病，老病斑开始活动，向上下扩展。轻度受害时，后期可逐渐发芽、展叶。严重受害时，在4月下旬～5月上旬受病害的新芽、嫩叶逐渐枯萎，导致枝干枯死。

3.防治妙招

（1）选用抗病品种。一般短枝型、皮色灰白型板栗品种抗病性较强。

（2）嫁接时严把接穗质量关，不要在发病栗园内采集接穗。

（3）及时清除枯死枝干、病株的病枯枝梢，并带出栗园外集中烧毁。

（4）3月下旬～4月上旬树干基部打孔注药，以多菌灵、甲基托布津为宜。或用甲基托布津400倍液，或多菌灵400倍液，进行根系浇灌。或在4月发病时用甲基托布津800倍液，或多菌灵800倍液均匀喷雾，间隔7～10天再喷1次。

十三、栗伞菌木腐病

1.症状及快速鉴别

栗树病部表面长出灰色的病原菌子实体，多由锯口长出，少数从伤口或虫口长出，每株形成的病原菌子实体1个至数十个。以枝干基部受害重，主干基部有大型子实体侧生，使被害部分木质变白疏松，质软且脆，腐朽易碎。常导致树势衰弱，叶色变黄或过早落叶，引起产量降低或不结果。严重时可导致风折（图1-17）。

图1-17 栗伞菌木腐病为害症状

2.病原及发病规律

为伞菌，属担子菌亚门、层菌纲真菌。

病原菌在受害枝干的病部越冬。条件适宜时产生大量担孢子，借风雨传播飞散，经锯口、伤口侵入。病原菌侵入后在木质部内扩展为害，引起木质部腐朽。在河北板栗栽培区，特别是燕山山区常有少量的发生和为害。结果的老龄大树、衰弱树、伤口多的栗树发病较重。

3.防治妙招

（1）重病大树及严重衰老栗树，应及早挖除烧毁。对树势弱、树龄高的栗树，应采用配方施肥技术，恢复树势，增强抗病力。

（2）栗树枝干发现子实体后，即应连同周围健康0.5厘米的树皮刮除，集中烧毁。伤口涂1%硫酸铜溶液，或斯米康15倍液进行消毒。

（3）加强栗园保护管理，防止产生各种不同类型的伤口。对较大的伤口或锯口，可涂10%硫酸铜消毒后，再涂波尔多液或煤焦油等保护；或用促进愈合的愈合剂涂抹较大的剪锯口。

十四、栗裂褶菌木腐病

1.症状及快速鉴别

栗树主干或大枝上侧生小型子实体，子实体常呈覆瓦状着生，质韧，白色或灰白色，上有绒毛或粗毛，肩状或肾状，边缘向内卷，使受害寄生部位木质变色腐朽，严重时可导致风折（图1-18）。

2.病原及发病规律

为裂褶菌或苹果木层孔菌，均属担子菌亚门真菌。

多侵染板栗衰弱树、濒死树及有伤口大树的干基和大侧枝。树龄大，结果量大，水肥管理差，管理粗放，伤口多的栗园，发病较重。此外，修剪不合理、枝条过密、光照不足的栗树，也常发病严重。

图1-18 板栗裂褶菌木腐病

3.防治妙招

（1）加强栗园栽培管理 合理施肥、浇水，增强树势，及时挖除重病树及衰老树，并集中清出园外烧毁。

（2）剪除病枝 发现病枝及时剪除，防止扩展传染。

（3）刮除病皮，涂药保护 经常检查树体，树干上发现子实体时应连树皮一起刮去，连同周围健康树皮刮去0.5厘米，带出园外集中烧毁。并在病部涂1%的硫酸铜溶液进行消毒。

（4）保护树体，尽量减少各种伤口 较大的伤口可涂波尔多液、美源愈合剂、煤焦油或1%的硫酸铜溶液进行保护。

十五、板栗膏药病

也叫药疤病，是我国南方栗园主要病害之一。

1.症状及快速鉴别

主要为害枝干，一般老枝干受害严重。栗树感病后在枝条或主干上病菌菌丝体形成厚而致密的有褐色绒状菌丝膜，形成圆形、椭圆形或不规则形的菌膜组织紧贴在枝干上，形似膏药。初为灰白色，后为浅褐色、褐色，最后变成褐色或棕褐色。菌丝侵入皮层吸取养分和水分，轻者使枝干生长不良，严重时枝条枯死，影响栗树的生长发育（图1-19）。

2.病原及发病规律

为隔担子菌，属担子菌亚门真菌。

图1-19 板栗膏药病为害症状

病菌以菌膜在板栗树被害枝干病残体上越冬。病菌菌丝穿入皮层或自枝干裂缝及皮孔侵入内部吸取养分。菌丝体在枝干表面生长发育，逐渐扩大形成菌膜。翌年5月间产生担子及担孢子。担孢子借风雨和介壳虫等昆虫传播蔓延。与为害栗树的栎霉盾蚧共生，病菌以介壳虫的分泌物为营养进行生长发育，蚧虫则借菌膜的覆盖而受到保护，并得以繁殖扩散。因此，病害的发生发展与蚧虫的消长密切相关。多发生在土壤黏重、栗园荫蔽潮湿、阴坡、排水不良、管理粗放、树势较弱、介壳虫等为害较重的栗园，还与栽种品种、树龄有一定的关系，老龄树栗园较新园发病严重。

3.防治妙招

（1）**选用抗病优良品种** 南方可推广种植和嫁接粘底板、大红袍等抗病性强、高产稳产的优良品种，充分发挥栗树自身的抗病能力，减少施药或不施药，以达到减轻或避免膏药病为害的目的，这是最为经济有效的措施。

（2）**加强栗园管理** 砍灌清杂。合理修剪，剪除病虫枝残枝及过密枝。改良黏重土壤。增施复合肥。合理灌溉，注意栗园排水措施，保持栗园适当的湿度。增强树势，增加园内通风透光，提高树体抗病能力。结合修剪清理栗园，减少病源。

（3）**刮去菌膜组织** 刮除老龄树上的老粗皮及翘皮、裂片等，带出园外集中烧毁。刮去菌膜后，喷洒20%的石灰水，或用硫黄粉＋柴油（0.5：1），或3～5波美度的石硫合剂，或1%柴油＋0.5%敌敌畏等药剂涂抹伤口。

（4）**药剂防治好介壳虫** 消灭介壳虫害虫，使病菌无介壳虫分泌物作为营养，这是预防膏药病的重要措施。常用的药剂为5～15倍的柴油乳剂（柴油1千克，肥皂25克，水0.5千克），1～3波美度的石硫合剂、20%石灰乳等药剂涂刷和喷雾，以涂刷效果最好。

十六、栗树根腐病

也叫烂根病。常造成栗园缺苗死株，园相不整齐。

1.症状及快速鉴别

病菌先从栗树须根侵入，形成红褐色圆斑。后扩展导致输导根、大根病部相连，深达木质部，病部变黑枯死。病根健部反复产生愈合组织，形成病健组织交错，表面高低不平（图1-20）。

图1-20　栗树烂根腐病为害症状

地上部症状有4种：一是萎蔫型；二是青干型；三是叶缘焦枯型；四是枝枯型。

2.病原及发病规律

为尖孢镰刀菌和少量镰刀菌侵染所致，属半知菌亚门真菌。

（1）水涝伤根　栗园透气性差，活土层浅，容易积涝。排水不良积水多，形成明涝或暗渍，有水渗不出，栗树犹如栽在水桶中。根系长期浸泡引起无氧呼吸，根系中首先是根毛部分先窒息死亡，出现大量烂根。树上表现枝条枯黄，叶片萎蔫不伸展，叶片脱落、枝枯，引起死树。

（2）**肥害伤根**　施用未经充分腐熟发酵的生鸡粪、猪粪、人粪尿，或使用高含量的复合肥时没有与土壤拌匀后再施入。集中施入根际部位是肥害死树的罪魁祸首。肥害死树的比例远大于水涝死树。

（3）**酸化土壤引起烂根**　不良环境造成的缺根和引发的烂根病也引起死树。强酸土壤中根系无法正常生长，分生新根少，伤口愈合慢，根尖易坏死，对各种营养元素吸收率低，树势衰弱。土壤中的有害杂菌多造成圆斑根腐病、紫纹羽病、白纹羽病、白绢病等严重发生。

（4）**树体衰弱**　营养补充不足半饥半饱，树体的抗逆免疫功能下降，烂根病菌乘虚而入。极端的严冬和炎夏特殊天气，地表根受害严重，根系的白绢病、紫纹羽、白纹羽病等引起病原感染，并向下延伸侵染，引起根系腐烂死树。

（5）**土壤板结，透气性差**　成龄栗园多年不翻耕，捡拾栗果、田间劳作踩踏等，使土壤板结含氧量低，根系发育不健全根量少，有益菌数量少，导致根系抗性降低，引起烂根死树。

3.防治妙招

（1）**加强管理，做好预防**

① 苗木消毒　对板栗出圃苗木要淘汰病苗，并用70%甲基托布津可湿性粉剂500倍液浸10～30分钟，或放在45℃温水中浸20～30分钟后再进行栽植。苗木定植时接口（或平茬口）要露出土面，防止土中的病菌从接口（或平茬口）侵入。

② 及时排涝　进入7、8、9月的主汛期要及时排水。黏土地要挖深沟渗水减少明涝暗渍，及时划锄散湿，创造良好的板栗根际生长环境。

③ 合理施肥　养根壮树的关键是在根系发育高峰期及时足量施好肥，合理选肥，适当增施钾肥。秋肥是金，秋季是根系生长的1次高峰期，秋根发育期长达3个月，施肥养根最关键，对抵抗寒冬、倒春寒等效果显著。夏肥也是根系发育的1次高峰期，强壮旺盛的根系，抵抗酷夏炎热的能力强，通过生态提高自身免疫力可有效减少烂根病发生。

土杂肥要充分腐熟发酵，不宜连年施鸡粪和人粪尿。大含量的复合肥要适量，不能过多使用，并务必和土拌匀减少烧根。改单一复合肥为有机、无机生物肥，增加土壤有益菌数量。施肥尽量少伤根，并浇水缓释。

④ 改良酸化土壤　一年中可使用酸土改良剂2次，每株2～3千克，创造最佳土壤环境，使根系发达、根群密布，肥料利用率高。实现根好树壮，本固枝荣，增强对烂根病抵抗能力。

（2）发病后，及时处理病株，防止病害蔓延

① 开沟封锁，隔离病源区，减少传播病源　一旦发现发生了根腐病的栗树，就应该立即采取措施将其先隔离再治疗，这样可以减少病菌的传播。初见病株或病株少时立即在病株四周滴水线下开深沟封锁，并浇灌5波美度石硫合剂，避免病根与四周邻近栗树的健根接触，防止病害蔓延。栗园浇水采用全园漫灌会通过灌水传播，因此，尽量不用全园漫灌。

对于已枯死或将要病死的无经济价值的栗树应及早挖除，对残根要全部刨出烧毁。病穴用40%的甲醛100倍液进行土壤消毒。

② 晾根和换土　当发现栗园内个别植株地上部分出现异常症状时应挖根检查，确认为烂根病后，将根部周围土壤挖出，晾晒1～2天，切除病根。同时进行药剂消毒，并将挖出带病菌的土运出园外，再从园外运新的无病土回填。

③ 清根消毒　刨开树盘土壤检查，发病重的锯除完全腐烂的大根，刮净病部腐烂皮层和木质，收拾干净，集中带出园烧毁。刮好后在病部及周围土壤浇5波美度石硫合剂，晾干后再在病部涂刷腐必清2～4倍液进行消毒和治疗。

应用"两液法"，即清根液＋壮根液与水混合，进行灌根和枝干涂抹。清根液主要功效是清除病菌，壮根液主要是补充营养，促进愈合和分生新根，达到标本兼治。经过多年实践应用效果显著，可起死回生，固本培元。

十七、栗黑根立枯病

1.症状及快速鉴别

主要为害实生苗茎基部或幼根。分急性和慢性两种类型。急性发病

图1-21 栗黑根立枯病

栗树在盛夏时栗叶急速萎蔫、卷曲干枯；慢性发病栗树在生育期叶片缓慢黄化、干枯落叶。急性发病树早期不易发现；慢性发病树落叶早，春季发芽迟，长势弱（图1-21）。

茎基部变褐，呈水渍状，病部淡褐色，病部缢缩死亡但不倒伏。病树根变黑腐烂，细根皮层易剥离。后期在病皮表面形成黑色小粒点，为病菌的分生孢子器。

2.病原及发病规律

为立枯丝核菌，属半知菌类真菌。

病原菌以菌丝体或菌核在土壤中病根组织内越冬，在土中营腐生生活，可存活2～3年。以病菌孢子或病、健根接触传染。土壤黏重、通气不良及地势低洼、排水不良的易涝渍水栗园，发病严重。

3.防治妙招

（1）改良土壤，增加土壤的通透性。雨季及时排出栗园积水。增施农家肥，促进根系生长，提高根系的抗病能力。

（2）发现栗树叶片发黄时，扒开根土，剪除病根。在伤口处涂1∶1∶100倍的波尔多液，并用1∶1∶100倍的波尔多液100倍液进行灌根。同时，用40%五氯硝基苯配制药土，药土比例为1∶80，进行土壤消毒。

（3）叶面喷施70%噁霉灵（根腐、立枯一喷净）可湿性粉剂，每袋32克兑水15～20千克，病害特别严重时，两袋兑水15～20千克。均匀喷施在作物叶片正反面。灌根稀释倍数300～500倍液，采用二次稀释溶解，效果更好。

第二章
板栗主要非传染性病害的
快速鉴别与防治

一、板栗裂果

裂果也叫水裂。在雨水多的年份发病严重。

1.症状及快速鉴别

在秋季近成熟采收的栗果，多表现为纵向开裂，没有经济价值（图2-1）。

图2-1 板栗裂果

2.病因及发病规律

（1）**品种** 有的板栗极个别品种水裂发生比较严重。

（2）**气候** 果实膨大期和果实近成熟期雨水比较多。尤其在久旱遇雨，或久雨骤晴，温度和湿度剧烈变化，容易诱发生理性裂果病。

3.防治妙招

（1）对于易发生水裂的品种可进行高接换头，改接优良品种。

（2）保证一年中水分均衡供应，做到旱能浇，涝能排。

二、板栗落蓬与空蓬症

1.落蓬

一般情况下，板栗栗蓬的脱落约为10%，较其他果树落果低，落蓬时间也较晚，一般在7～8月。除了板栗种类和品种之间的差异外，在营养不足、受精不良、机械损伤和病虫为害时，也会导致大量的落蓬，使栗果减产。

2.空蓬

有些栗蓬不脱落，但蓬内无籽实，称为空蓬。也叫哑苞、哑子、空苞、瞎子、瘪子等。空蓬在板栗成熟期保持绿色，自然空苞率大体为15%，严重的可达70%以上（图2-2）。

图2-2　板栗空蓬

造成空蓬的原因，除品种特性外，主要是授粉受精不良，栗蓬过多营养不足，尤其是缺硼。

（1）气候因素　板栗坚果形成时如果遇到干旱缺水，易形成空蓬。花期雨水过多不利于授粉受精，易形成空蓬。光照差，土壤中水分、养分和氧气供不应求，栗树不能进行正常的光合作用，也会导致大量的空蓬。板栗花期风力以3～4级为佳，风力过大或过小，空蓬率都会增加。病虫害发生严重，导致树势减弱，易发生空蓬。板栗在开花授粉期间如果阴雨天气过多，雌花柱头上的花粉易被雨水冲刷脱落，影响授粉受精的质量，降低坐果率，导致大量胚珠败育，板栗的空壳率增高。

（2）**营养不良**　大部分栗园是建立在土壤贫瘠的山坡和半山坡上。由于土壤贫瘠，加之栗农的粗放管理，导致土壤肥力供给不足，影响栗树的正常生长。土壤中硼、磷缺少导致子房胚珠发育中途停止。负载超量幼果期间的营养竞争，也会导致部分空苞的产生。

（3）**缺乏微量元素**　缺硼会使花粉管等生长不良，不能正常授精，从而导致胚胎早期败育。缺硼会引起空苞和小果。

（4）**授粉受精不良**　板栗的雄花和雌花花期不同步、雄花早雌花迟花期不遇、授粉不亲和等因素，导致授粉受精不良，引起子房不发育，造成空蓬。

> **提示**　在生产中不授粉和自花授粉的空蓬率，都显著高于不同品种间混合花粉授粉的栗园。应注意配置授粉树。

（5）**遗传因素**　个别板栗实生个体，生殖器官发育不良，无授粉受精能力，不能形成正常的胚囊。无论采取人工授粉还是增施硼肥，都不能克服空蓬症状。

3.防治妙招

（1）**选用结实率高的板栗品种**　不同品种的雌、雄花量不同，所消耗的营养也不同。雄花开放时间长，消耗养分远远大于雌花。因此，雄花过多、开花时间长的品种空蓬率就会增高。应选用雄花少、结实率高的板栗优良品种。

> **提示**　对空蓬率高、产量低下的山地板栗劣种实生树进行高接换头改良品种。通过改良品种来减少或消除空蓬。

（2）**加强土肥水管理**

① 增施有机肥　秋季栗果采收后施入有机肥，促进花芽分化的饱满充实。施肥量掌握在每株100千克，同时加尿素0.5～1千克，加生物钾250克。如果有机肥不足可用板栗专用肥代替，每株施4～5千克（或生产5千克栗果施复合肥1千克）。采用沟施，沟宽30厘米，深50厘米。

> **注意**　肥料与土混匀后施入沟内，然后覆土。

② 压绿肥　对于空蓬率高、有机肥源又严重不足的山地栗树，在7月下旬～8月上旬压绿肥。结果大树每株约压50千克以上。将绿肥均匀铺在树盘内，然后在绿肥上压5～10厘米厚的土，压绿肥还可起到保墒作用。如果就近取山皮土覆盖，效果会更好。

提示 加强板栗前期肥水管理，保证春季肥水供应充足。

（3）**合理修剪**　由于树势弱造成空蓬的栗树，采取集中修剪。一般每平方米面积保留5～8个结果母枝。对交叉、重叠、过密及无结果能力的枝及时进行疏间或回缩。

（4）**保证授粉受精**

① 合理配置授粉树　授粉树配置的数量应为主栽品种的1/3，最好配置同花期2～3个品种的授粉树，进行异花授粉，可提高坐果率。

② 板栗建园时不要栽在大风口处　尤其是板栗春季开花时遭遇大风，常将雌花柱头吹干，影响授粉受精造成空蓬。已经栽植的应尽快营建防风林。

（5）**去雄和疏苞**　板栗的雄花序比例很大，雄花和雌花花朵数比为3000∶1，过多的雄花消耗大量的树体营养。试验证明只留下5%～10%的雄花序即能满足自然授粉之用，不但可节约树体养分，并可促进正在分化的雌花的发育，提高雌花质量，有利于增产。

在坚果迅速增重前（约7月上旬）或雄花序落尽后约4天进行疏蓬；疏除劣蓬、空蓬和多余的独籽蓬，促使疏后留下的蓬内坚果正常发育。

提示 疏除过多的栗蓬，一般按照结果枝的长度，一般结果枝长10厘米，留1个栗蓬；长20厘米，留2个栗蓬；长30厘米，留3个栗蓬，以此类推。对减少落蓬和空蓬有一定的促进作用。

（6）**巧施硼肥**

① 土壤施硼　结合秋季施有机肥，板栗结果大树每株施硼砂100～200克，硼砂一般施用量为10～20克/平方米，掺在复合肥中采用穴施或沟施。每隔2～3年追施1次即可，不能年年施入。

最好隔年施硼1次，不能超量。施硼过多，会引起硼中毒（图2-3）。

② 叶面喷硼　在初花期和盛花期，可喷1～2次0.2%～0.3%的硼酸（因为硼酸比硼砂更易溶于水），应连年喷施。喷硼能明显降低空蓬率，但效果不如土壤施硼。

图2-3　硼中毒症状

一般情况下，在生产中这两种施硼方法应配合使用，效果会更好。

三、嫁接不亲和

1.症状及快速鉴别

板栗经常出现嫁接后接穗与砧木不易愈合。因板栗砧木与嫁接品种两者之间的基因差异产生阻抗反应，形成亲和力问题，造成疏导组织维管束接通不畅，叶片制造的营养物质（碳水化合物）输导到接口受阻，形成接口往下变成高桥腿，造成根部供养不足，吸肥吸水能力降低，树势变弱，最终死亡。有的嫁接后虽然能够愈合，但遇到大风易从结合处折断。有的接穗成活后只能生长2～3年后就会逐渐死去，不能持续生长、结实等。个别品种（如大板红）尤其严重，对板栗生产造成很大障碍。还有的嫁接3～5年或10年后，接口出现瘤状突起，1～2年内大量结果，随即树势衰弱，接口以上很快干枯死亡（图2-4）。

2.防治妙招

（1）选嫁接亲和力强的品种　例如燕山早丰（3113）嫁接亲和力好不爱死树，嫁接在很多板栗品种的砧木上都能愈合良好；大板红嫁接亲和力不强，嫁接口容易起包。

（2）使用亲缘关系较近的砧木　板栗嫁接繁殖对砧木种类要求比

图2-4　嫁接不亲和

较严格，必须是共砧，最好是本砧。用当地的实生板栗苗嫁接适应本地的板栗优良品种叫做共砧，如早丰栗的实生苗嫁接燕奎栗。我国板栗产区多采用共砧，嫁接亲和力强，生长旺盛，根系发育良好，较抗干旱和较耐瘠薄。板栗品种的实生苗嫁接该品种叫做本砧，如早丰栗的实生苗嫁接早丰栗，大板红的实生苗嫁接大板红，能够避免嫁接起包等不亲和现象。

提示　应用本砧更能保持母本的优良性状，亲和力更强，嫁接成活率更高，在生产中值得大力推广应用。

（3）桥接或截留养分嫁接

①桥接　发现嫁接口变粗，接口受阻等现象，翌年春季及早用"桥接"进行补救。最好是利用接口以下抽生的萌蘖进行桥接。没有萌蘖时可用实生旺条在四周进行插皮接，要早发现早治疗（图2-5）。

②截留养分嫁接　保留原有的树冠，在不影响产量的情况下逐步改良更换品种。在不亲和起包的下面嫁接处必须用锯整圈拉1圈，深

图2-5　板栗桥接挽救

度约1厘米，嫁接插接穗处深约2厘米。截留营养后，嫁接的接穗萌发的枝条长得壮，一般当年可长到1米，三年可形成小树冠。如果不进行截留，嫁接的枝条长的弱，一般长到20～30厘米就不再继续延长生长了，冬季越冬还得受冻死亡（图2-6）。

图2-6　截留养分嫁接

四、板栗日灼症

1.症状及快速鉴别

主要为害板栗叶片、栗蓬和枝干（图2-7）。

叶片侧叶脉间失绿，主叶脉绿色，叶两侧呈浅褐色焦枯并向内卷曲。内膛叶片受害较轻，树冠外围叶片焦枯严重，重症栗园树叶脱落。栗蓬向阳面蓬刺变褐色，形成椭圆形褐斑。

枝干皮层晒坏，长有灰白色菌丝体（图2-8）。

2.病因及发病规律

属生理性病害。

图2-7　栗蓬日灼症症状

图2-8 枝干皮层日灼症症状

夏季雨后持续高温，光照过强，极易诱发日灼病。病虫害严重或遭遇冰雹，造成叶片受伤害严重或大面积落叶，均易发生日灼。修剪时小枝疏除过多，枝干裸秃严重，易发生日灼。

板栗日灼病的发病程度与栗园地势、土壤、品种和栽培技术管理措施有关。一般山地阳坡比阴坡重，平地比山地重。栗园沙质土壤较黏重土壤发病重。不同品种发病程度差别较大，北峪2号对叶片日灼病抗性最强，燕山早丰最差。栗园土壤耕作方式也有一定影响，一般清耕法栗园重于生草和覆盖栗园，生草园和覆盖园差别不大。受叶螨等害虫为害较重的栗园，日灼病发病程度重。

3.防治妙招

（1）选用抗日灼病较强的品种，如北峪2号、怀九等板栗品种。

（2）推广生草、覆盖栽培。

（3）加强病虫害防治，保护好叶片，防止早期落叶。

（4）夏季雨后遇到高温、强光照的天气，中午向栗园喷洒清水，以降低叶表面温度。

（5）在板栗大的枝干背上适当留一些小枝进行遮阴保护。

五、板栗黄叶病

1.症状及快速鉴别

板栗早春长出的新叶明显发黄并逐步严重，到夏季叶片枯黄，树体生长很慢（图2-9）。

2.病因及发病规律

板栗黄叶有营养不足、病虫为害、除草剂残留和生理抑制等多方面的原因。缺氮、缺钾、缺锰、缺铁，易导致黄叶；干旱少雨，光照差，营养不足，易导致黄叶；果量偏多，树势衰弱，环割环剥不当，

图2-9　板栗黄叶病

1～3—缺钾造成的黄化；4，5—缺锰造成的黄化；6～8—缺铁造成的黄化

剥口太宽，易导致黄叶；肥害，选药不当、药剂混用过多、浓度太高，易导致黄叶；施肥量大且过于集中，土壤黏重、土壤盐化、排水不良、通气性差等，都易导致果树叶片发黄。

3.防治妙招

（1）清除病源。清除地下的枯枝落叶，集中烧毁或深埋。

（2）土壤pH值偏高时，可以喷施一些硫酸亚铁等含铁量高的叶面肥，防治效果明显。

（3）减少伤口、保护树干。树干涂白，伤口涂漆，栗树尽量不进行环剥，减少环割次数。

（4）在页岩地区、石灰岩地区、黄黏土地栗园，春季展叶开始叶面喷肥，每隔15天喷1次，一年3次以上。喷肥时间以下午4时以后最好，阴天可以全天进行。叶面肥配制方法：一喷雾器水15千克，加尿素75克、磷酸二氢钾50克、硫酸锰10克、硫酸亚铁（需要用热水化开）15克。

（5）疏密调节光照。疏剪下垂枝、内膛徒长枝、直立枝、剪锯口萌枝、根部萌蘖枝、顶部遮阳枝、行间交叉枝、冠内郁闭枝等，保证树体通风透光。

（6）增施有机肥、磷钾钙肥、多元微肥，培养健壮树势，增强栗树抗病能力，减少化学肥料的施用。

（7）增施硫酸亚铁。对缺铁引起的黄叶落叶，可挖穴灌入3%的硫酸亚铁水溶液。

（8）深翻熟化土壤，改善根际生态环境，达到根深叶茂。

（9）多采用人工除草，减少化学除草剂的使用，尤其是灭根性除草剂，以免造成除草剂的残留。

（10）黏质土壤，遇多雨年份要及时排涝，以免抑制根系呼吸。

六、板栗叶片焦枯症

1. 症状及快速鉴别

一般从6月中下旬开始发病，8月份大量降雨后病情迅速加重，重症园片短时间内可全叶焦枯。近几年燕山板栗产区板栗叶片焦枯症非常严重，并有扩大蔓延的趋势。

板栗叶片焦枯症分两种类型，即Ⅰ型和Ⅱ型。Ⅰ型为老叶先发病，先从叶片边缘侧叶脉间发黄产生黄点，随之变褐，褐斑逐渐扩大，连成波纹形向主叶脉方向扩展。重症园片可造成全叶焦枯，整个叶片向下或向上反卷。将病叶在阳光下照射可发现焦枯部分的前端有一条黄色的亮线。Ⅱ型从老叶开始，可逐渐扩展至新叶，最后表现为全株或全园发病，单片叶先从侧叶脉尖端或侧叶脉间发黄，产生黄斑后变褐，褐斑逐渐扩大连成波纹形，向主叶脉方向发展，焦枯部分前端的黄色部分为黄色带（图2-10）。

区分两种症状的方法：一是初发病部位，Ⅰ型为侧叶脉间，Ⅱ型为侧叶脉尖端或侧叶脉间；二是焦枯部位前端的黄色部分Ⅰ型为黄色亮线，Ⅱ型为黄色带。两种类型症状的栗园均会造成大幅度减产，坚果变小，品质下降。

图2-10 板栗叶片焦枯症

2.病因及发病规律

为生理性病害，有时与栗疫病、炭疽病等病害同时发生。

（1）繁殖方法 实生树与嫁接树发病程度明显不同。实生树发病面积占总发病面积的9.9%，嫁接树占90.1%，即嫁接树是实生树发病面积的9.1倍。在不同的症状类型中，Ⅰ型嫁接树发病面积是实生树的10.9倍，Ⅱ型嫁接树发病面积是实生树的8倍。

（2）树龄 一般以10年生以内的栗树发病率最高，为13.86%。10~20年生树次之，为9.86%。20年以上最低，为8.14%。两种不同症状发病面积与树龄关系也不相同，其中Ⅰ型发病率随着树龄增大而降低；Ⅱ型发病率与树龄关系不明显。

（3）土壤类型 一般在河滩地、山地等瘠薄栗园，Ⅰ型、Ⅱ型病害均发生较重。在土层较肥厚的栗园，Ⅰ型、Ⅱ型病害均发生较轻。

（4）降雨量 两种症状随着生长季降雨量的增加，发病程度明显增高。

Ⅰ型症状一般为硼过量所致，当叶片硼含量超过400毫克/千克时即发生硼中毒症状。Ⅱ型为缺钾所致，当板栗叶片钾含量低于4000毫克/千克时即表现为缺钾症状。目前，燕山板栗健壮栗园叶片钾含量大多在

4000～6000毫克/千克，一般栗树叶分析钾的适宜值为1.0%～1.5%。所以，即便是健壮的栗园钾的含量也在缺乏范围之内。

3.防治妙招

（1）对于连年施硼的栗园，以及前1年施硼量在每平方米树冠投影面积15克以上的，或硼过量表现焦枯病症状的，应停止施硼，增施有机肥，提高土壤肥力。有条件的栗园可更换树盘80厘米土层以内的土壤。板栗园土壤施硼应以每2～3年施用1次为宜，每平方米树冠投影面积不超过15克。

（2）燕山板栗产区应普遍增施钾肥，每年施钾量按照树冠投影面积每平方米施用20克（氧化钾）。同时结合叶面喷肥，生长季叶面喷施0.3%的磷酸二氢钾2～4次。

（3）与叶部病害同时发生时，叶面喷杀菌剂和叶面肥一起同时进行，肥药双效。在没有发生病害之前进行预防。6月上旬板栗开花时，可用苯甲·嘧菌酯（也叫秒杀、菌无踪、阿克泰，为20%嘧菌酯与12.5%苯醚甲环唑复配剂）1000～1200倍液＋0.3%尿素＋0.3%磷酸二氢钾，遇到降雨，可间隔7天喷1次；如果没有降雨，可间隔15天喷1次。一年连续进行3次，即可控制病害的发展。

第三章

板栗常见虫害的快速鉴别与防治

一、栗大蚜

也叫板栗大蚜、黑蚜虫、栗枝黑大蚜，属同翅目、大蚜科。是板栗的重要害虫之一。分布广泛，在各板栗产区均有分布，我国北方为害严重。除为害板栗外，还为害白栎、麻栎等。

1.症状及快速鉴别

以成虫和若虫群集在板栗树新梢、嫩枝、叶片背面以及栗蓬上吸食汁液为害，影响枝梢生长和果实成熟，常导致树势衰弱（图3-1）。

图3-1 栗大蚜群集吸食汁液

2.形态特征

（1）成虫 无翅孤雌蚜体长3～5毫米，黑色，体背密被细长毛。头、胸部窄小，略扁平，占体长的1/3，腹部肥大呈球形，足细长。有翅孤雌蚜体略小，黑色，腹部色淡（图3-2）。

（2）卵 长椭圆形，长约1.5毫米，初呈暗褐色，后变为黑色，有光泽。单层密集排列在枝干背阴处和粗枝基部。

（3）若虫 体形似无翅孤雌蚜，但体较小，色较淡，多为黄褐色，稍大后渐变为黑色。体较平直，近长椭圆形。有翅蚜胸部较发达。

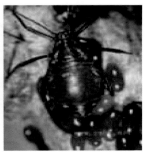

图3-2　栗大蚜无翅胎生雌蚜成虫

3.生活习性及发生规律

一年可发生10多代。以卵在栗树枝干芽腋及树皮裂缝中越冬。树体阴面较多，常数百粒单层排在一起。翌年3月底～4月上旬越冬卵孵化为干母。成熟后胎生无翅孤雌蚜可繁殖后代，群集在枝梢上繁殖为害。4月底～5月上、中旬达到繁殖盛期，也是全年为害最严重的时期，并大量分泌蜜露污染栗树叶。5月中、下旬开始产生有翅蚜，部分迁至夏寄主上繁殖。5月下旬飞往枝条上为害，聚集新梢、栗蓬处，常常数百头群集吸食汁液，使枝梢枯萎导致果实发育不良成熟不好。9～10月又迁回栗树上继续孤雌胎生繁殖，常群集在栗蓬果梗处为害。11月产生性母，性母再产生雌、雄蚜，交配后产卵在树缝、伤疤等处越冬。栗大蚜在旬平均气温约23℃，相对湿度约70%适宜繁殖，一般7～9天即可完成1代。气温高于25℃，湿度80%以上虫口密度逐渐下降。遇到暴风雨冲刷会造成大量死亡。

4.防治妙招

（1）冬春刮老树皮，消灭越冬卵　冬季或早春刮除老树皮、翘皮等残附物，集中处理，压低越冬幼虫基数。冬季或早春发芽前可向枝干喷洒或涂刷机油乳剂50～60倍液，消灭成片的卵。

（2）人工剪除　生长季结合田间管理及时剪除被害梢、叶，摘除被害果，集中处理。

（3）**药剂防治**　在板栗展叶前越冬卵已经孵化后，或在栗大蚜发生期（5月上中旬），可喷10%吡虫啉2000倍液，或2.5%溴氰菊酯乳油3000～4000倍液，或20%杀灭菊酯乳油3000～4000倍液，或50%对硫磷2500倍液，或敌杀死1500倍液，或扑虱灵1000倍液，或50%的抗蚜威可湿性粉剂1500～2000倍液等药剂，均可进行有效防治。

（4）**涂干**　尚未结果的板栗幼树，在蚜虫发生初期，可用灭蚜威（或乐果）兑水5～10倍液涂干，再用塑料薄膜包扎，效果良好。大、老栗树可在主干或主枝基部刮去一圈老树皮（宽6厘米）至稍露白，将灭蚜威、乙酰甲胺磷等有机磷农药稀释5～10倍涂刷其上，用塑料薄膜或牛皮纸等包扎，3～5天后即可见效。该法优点是残效期长，又不至于伤害天敌，但应注意及时将包扎物取下，以免产生药害。

（5）**成虫诱杀**　利用蚜虫趋光、趋化性，可用黑光灯、性诱剂、糖醋液等诱杀成虫（糖醋液配比：红糖250克，食醋500克，酒50～75克，水500克）（图3-3，图3-4）。

图3-3　黑光灯诱杀成虫　　　　　图3-4　性诱剂诱杀成虫

（6）**保护天敌**　主要天敌有瓢虫、步行虫、草蛉和寄生性天敌，只要合理地加以保护，依靠天敌的作用，完全可以控制栗大蚜为害（图3-5，图3-6）。

图3-5　草蛉

图3-6　步行虫

二、栗红蜘蛛

也叫栗小爪螨、栗旁叶螨、栗叶螨，是严重影响栗树产量的害虫，在北方栗产区为害较重，南方栗产区也有发生。以成虫和若虫为害叶面，叶片呈黄褐色焦枯，严重时造成早期落叶。高温干旱天气常引起蔓延成灾，栗果产量下降减产30%以上，树势变弱，枝枯叶黄，早期落叶，栗果质量降低。

1.症状及快速鉴别

叶片被害处褪绿，呈黄白色小点。严重被害叶片失绿枯焦变褐色，早期脱落。螨沿叶片正面主脉两侧聚集，周围吐有少量蛛丝。大量发生时叶背面也有少量螨及卵（图3-7）。

2.形态特征

（1）成虫　雌成螨椭圆形，体型小，仅约0.5毫米，褐色微带红色。雄成螨菱形，顶端凹陷，呈暗红色。

（2）卵　形似荸荠。卵顶有一根白色丝毛，为丝柄。分夏卵和冬

图3-7　栗红蜘蛛为害症状

卵两种类型，夏卵初产时半透明，随着生长发育，逐渐变为乳白色至乳黄色，近孵化时呈现橘红色。冬卵深红色。

（3）幼螨　幼虫刚孵出时虫体近圆形。足3对。由冬卵孵出的幼螨深红色，由夏卵孵出的乳白色。取食后体色依次渐变为黄白、淡绿、褐色或绿褐色。

（4）若螨　幼虫经过1次静止蜕皮变为若螨。若螨体绿褐色，似成螨，足4对。幼虫经3次蜕皮，发育为成虫，雄成虫较小，体前宽后尖；雌成虫腹尾钝圆，体呈橙色或暗红色，有体毛（图3-8）。

图3-8　栗红蜘蛛成虫、卵、幼虫及若虫

3.生活习性及发生规律

一年发生4～9代。在9月上旬以卵在1～4年生板栗枝背面的叶痕、粗皮、缝隙及分支处越冬，以2～3年生枝上最多。成虫、若虫均在叶片正面为害。越冬卵5月上中旬孵化，比较整齐。5月中旬～7月上旬为发生盛期，为害严重。若虫吸食叶片的汁液，导致叶面褪色为黄褐色。严重时全叶橘黄色，树势衰弱，产量大减。

4.防治妙招

（1）冬季修剪、刮树皮、刨树盘，消灭越冬卵和成虫　清理栗园枯枝落叶、栗蓬及树干上的草把，消灭越冬虫源。3月下旬～4月中下旬萌芽前，在新植幼树、嫁接树上可喷3～5波美度的石硫合剂。

（2）**药剂涂干** 5月上旬在树干距地面30厘米处，先刮去主干上10～20厘米的粗皮，稍露嫩皮，呈环状带。在环状带上用20%的敌敌畏20倍液涂干1圈，稍干后再涂1次，然后用地膜（也可用塑料薄膜或废牛皮纸）包扎，可控制害虫为害，防治效果可达90%～98%。幼树也可不用刮皮，直接将药液涂在主干上即可。

（3）**药剂防治** 肥水好，树势壮，为害不严重时，可不用进行单独防治。为害严重时，在5月上中旬（板栗展叶期）至6月下旬抓住第一代幼虫出蛰期，大部分叶片有虫50头以上要及时除治。可喷布尼索朗1500倍液，或灭扫利（或螨死净1000倍液）＋齐螨素1500倍液等杀螨剂，进行有效的防治。连续喷2次效果良好，既杀红蜘蛛，也兼杀栗皮夜蛾。在若虫发生盛期可喷0.2波美度石硫合剂混加杀螨剂，均能控制其为害。

> **提示** 在6月20前后，板栗开花前5天，喷尼索朗1500倍液（尼索朗低毒，有效期60～70天；只杀卵、幼虫，不杀成虫）。落花后选用阿威·哒螨灵（也叫哒螨酮、扫螨净），或乙螨唑，不要再用尼索朗了。

三、栗瘿螨

也叫栗叶瘿螨，俗称栗瘿壁虱，属蜱螨目、瘿螨科。是为害栗树叶片的一种四足螨，主要为害板栗。叶片被害后产生袋状虫瘿，影响叶片的正常发育。分布于我国河北、河南南部等栗产区。

1.症状及快速鉴别

板栗树叶片被害处树叶上长出许多密密麻麻的像刺儿一样的突起。在叶片正面生出突起的锥形袋状虫瘿，少数虫瘿生于叶背面。虫瘿倒立于叶面，长0.2～1.5厘米，横径0.1～0.2厘米，顶部钝圆，瘿体稍弯曲，愈接近叶面愈细，基部收缩，似瓶颈，表面光滑无毛，前期草绿色。瘿内壁褐色或土褐色，内壁上着生灰白色或乳白色海绵状毛管状物。虫瘿连接叶片处的背面有1漏斗状孔口，孔口周围密生黄白色"刚毛"状附属物。虫瘿后期干枯，由黄绿色变为褐色，但不脱落。被害叶片上一般有几十个虫瘿，多者可达210多个。同一叶片上愈靠近叶柄部，虫瘿分布愈密（图3-9）。

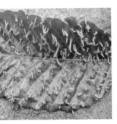

图3-9　栗瘿螨袋状虫瘿

2.形态特征

（1）成螨　体型似胡萝卜，体长140～180微米，肩宽30～44微米。全体浅黄色、灰白色或黄褐色，胸腹部约有60多个环节，尾端有一吸盘可以吸附叶表支持身体直立或曲弓前进，体侧各有刚毛4根，尾端两侧各有1根，爪呈五齿梳状。

（2）冬型成螨　刚钻入越冬场所的成螨全体乳白色，半透明，体节明显，头胸和腹部可明显分开，胸部稍宽。到11月份越冬螨渐变为淡黄色。

（3）幼螨　初孵化幼螨近无色透明，以后渐变为乳白色。老龄若螨体半透明，乳白色，胸背在镜下观察有反光。

（4）卵　透明，扁椭圆形。近孵化时稍见凹陷。

3.生活习性及发生规律

栗瘿螨以雌成螨在栗树1～2年生枝条的芽鳞上越冬。在春季栗树展叶期开始为害。瘿体初期很小，以后逐渐长大，到6～7月瘿体最大，最长可达1.5厘米。从栗树展叶至9月不断有新虫瘿长出，螨在虫瘿内毛管状附属物之间海绵组织内生活，一个瘿内多的有螨上百头，高的可达几百头。虫瘿后期干枯，螨从叶背孔口处成群钻出，在叶背面爬行。在枝条上寻找越冬场所。7～8月将被害叶片采下，放2～3天待叶片失水时，虫体即从瘿内钻出。

4.防治妙招

目前栗瘿螨分布虽广，但发生量并不太多，在一片栗园中往往集中在几株树上。一株树上又多集中在某几个枝条上。在生长季节剪除被害新梢集中处理，即可收到良好的防治效果。

（1）**人工防治**　栗瘿螨活动扩散性较差。因此，在发病初期可人工摘除有虫瘿的叶片，或剪除新梢。

（2）**化学防治**　在栗芽萌动或展叶期，可喷洒50%硫悬浮剂200～300倍液，或5%尼索朗乳油1500倍液，或20%螨死净悬浮剂3000倍液，均可收到较好的防治效果。7月中下旬，害虫爬出后也可进行喷药防治。

四、栗食芽象甲

也叫小白象、食芽象鼻虫、尖嘴猴、葫芦虫，属鞘翅目、象甲科，主要分布在河南、河北、陕西、山西、甘肃、辽宁等板栗产区。

1.症状及快速鉴别

以成虫为害板栗嫩芽或幼叶。严重发生时能吃光全树的嫩芽，长时间不能正常萌发，迫使树体重新复发，造成二次发芽，从而削弱树势，推迟生长发育。幼叶展开后成虫继续食害嫩叶，将叶片咬成半圆形或锯齿形缺刻。另外，幼虫在土中还可为害地下根系（图3-10）。

图3-10　栗食芽象甲为害症状

2.形态特征

（1）**成虫** 体长5～7毫米。雌虫土黄色，雄虫深灰色。触角12节、棕褐色、棍棒状，着生于头喙前端。头宽、黑色，喙粗短，喙宽略大于长，头部背面两复眼之间凹陷，前胸背板棕灰色，鞘翅卵圆形，长约为宽的2倍，表面有纵列刻点，末端稍尖，有纵沟10条，散生有不明显的褐斑，并有灰色短茸毛。足腿节无齿，爪合生（图3-11）。

图3-11 食芽象甲成虫

（2）**卵** 长椭圆形，较小。初产时乳白色，表面光滑有光泽，逐渐转变为深褐色，后变为棕色。

（3）**幼虫** 体长5～6毫米，体弯纺锤形，各节多横皱，无足。前胸背板淡黄色，胸腹部乳白色，头部褐色。

（4）**蛹** 为裸蛹，长4～5毫米，纺锤形。初期乳白色，渐变为淡黄色至红褐色。

3.生活习性及发生规律

每年发生1代。以末龄幼虫在树冠下5～10厘米深的土层中越冬。翌年4月上旬化蛹。4月中旬～5月上旬气温达到8～20℃是成虫羽化盛期，此时树体萌芽，成虫出土为害严重。5月中旬气温较低时害虫在中午前后为害最重。成虫有假死性，早晨和晚上隐藏不活动，受惊后落地假死。白天气温较高时成虫上树。成虫寿命约为70天。4月下旬～5月上旬成虫交尾产卵，多在白天产卵，卵产于枝痕缝隙中，或习惯将卵产在根部土壤内。5月中旬开始孵化，幼虫孵化后落地入土在土层内以植物根系为食，完成生长发育。9月以后入土层越冬长达约10个月，待到翌年春暖花开幼虫从地下上升，在土层10厘米以上作球形土室化蛹。

4.防治妙招

（1）人工防治　利用成虫发生期短，假死性强，震落地面后早晚不飞，靠爬行上树等特点，在成虫羽化初盛期和盛期可先在树冠下喷撒3%的辛硫磷粉剂，或5%的西维因粉剂，每100平方米用药1～1.5千克，早晨趁露水未干时杆击震树，使成虫落地触药死亡，进行人工捕杀或毒杀落地成虫。或在树干周围撒敌百虫粉，然后将虫震落，虫爬上树时通过撒药地带中毒而死。

（2）化学防治　成虫出土前进行土壤处理，在树干周围用辛硫磷300倍液进行地面封闭，喷药后浅翻土壤，以防光解。

树冠喷药。在成虫发生盛期（4月中下旬），采用50%辛硫磷1000倍液，或40%水胺硫磷1000～1500倍液，或用西维因、敌敌畏、杀螟硫磷等农药树冠喷雾，均有较好的防治效果。

5月下旬在老熟幼虫将要下树入土时，在树干上涂一圈20厘米宽使用过的废机油，可阻杀幼虫下树入土。

五、苹掌舟蛾

也叫舟形毛虫、举尾毛虫、举肢毛虫，属鳞翅目、舟蛾科。在全国各地均有分布。

1.症状及快速鉴别

以幼龄群集取食叶肉，大龄害虫分散将叶片食光。对树体生长造成不良的影响，对果实的丰产造成较大的影响（图3-12）。

2.形态特征

（1）成虫　体长22～25毫米，翅展49～52毫米，头胸部淡黄白色，腹背雄虫黄褐色，雌蛾土黄色，末端均淡黄色，复眼黑色，球形。触角黄褐色，丝状，雌蛾触角背面白色，雄蛾各节两侧均有微黄色茸毛。前翅银白色，在近基部生1长圆形斑，外缘有6个椭圆形斑，横列成带状，各斑内端灰黑色，外端茶褐色，中间有黄色弧线隔开。翅中部有淡黄色波浪状线4条，顶角上有2个不明显的小黑点。后翅浅黄白色，近外缘处

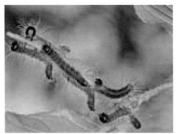

图3-12　苹掌舟蛾为害症状

有1褐色横带，有些雌虫消失或不明显（图3-13）。

（2）**卵**　球形，直径约1毫米，初为淡绿色，后变为灰色。

（3）**幼虫**　共5龄，末龄幼虫体长约55毫米，被灰黄色长毛。头、前胸盾、臀板均为黑色。胴部紫黑色，背线和气门线及胸足黑色，亚背线与气门上、下线紫红色。体侧气门线上、下生有多个淡黄色的长毛簇（图3-14）。

（4）**蛹**　长20～23毫米，暗红褐色至黑紫色。中胸背板后缘有9个缺刻，腹部末节背板光滑，前缘具7个缺刻，腹末有臀棘6根，中

图3-13　苹掌舟蛾成虫

图3-14　苹掌舟蛾幼虫

间2根较大，外侧2个常消失。

3.生活习性及发生规律

一年发生1代。以蛹在寄主根部或附近表土层中越过漫长的冬季。在树干周围半径0.5～1米，深度4～8厘米处数量最多。成虫最早于翌年6月中、下旬出现，7月中、下旬羽化最多，一直可延续至8月上、中旬，在南方成虫羽化可延续到9月，北方成虫羽化较早。成虫多在夜间羽化，以雨后的黎明羽化最多，白天隐藏在树冠内或杂草丛中，夜间活动，趋光性强。羽化后数小时至数日后进行交尾，交尾后1～3天产卵。卵产在寄主叶背面，常数十粒或百余粒集成卵块排列整齐。卵期6～13天。幼虫孵化后先群居叶片背面头向叶缘排列成行，由叶缘向内蚕食叶肉，仅剩叶脉和下表皮。初龄幼虫受惊后成群吐丝下垂。幼虫的群集、分散、转移，常因寄主叶片的大小而异。幼虫白天停息在叶柄或小枝上，头、尾翘起形似小舟，早晚取食。幼虫的食量随龄期的增大而增加，达4龄以后食量剧增。幼虫期平均约为31天，8月中、下旬达为害盛期，9月上、中旬～10月上、中旬后老熟幼虫沿树干下爬，在寄主植物根部附近入土化蛹越冬。

4.防治妙招

（1）人工防治　越冬的蛹较为集中，春季结合栗园耕作刨树盘将蛹翻出。在7月中、下旬～8月上旬，利用幼虫群集为害的特点，幼虫尚未分散之前巡回检查，及时剪除群居幼虫为害的枝和叶片。幼虫扩散后利用其受惊吐丝下垂的习性，摇动有虫树枝，震落幼虫，然后收集集中消灭落地幼虫，或用脚直接踩死害虫。

（2）农业防治　在春、秋两季可以翻耕树盘，使虫蛹全部露在地表面上冻死或晒死，或让虫蛹被鸟类捕食。

（3）药剂防治　常用48%乐斯本乳油1500倍液，或90%晶体敌百虫800倍液喷雾。

（4）生物防治　在卵发生期即7月中下旬，释放松毛虫赤眼蜂灭卵效果较好。卵被寄生率可达95%以上。

此外，也可在幼虫发生期间，喷洒含300亿个孢子/克的生物农药青虫菌6号粉剂1000倍液，或Bt乳剂1000倍液。发生量大的栗园在幼虫分散为害之前，喷青虫菌悬浮液1000～1500倍液防治效果可达94%～100%。使用25%灭幼脲3号胶悬剂1000～2000倍液，或25%苏脲1号悬浮剂1000～2000倍液防治效果达90%以上，但作用效果缓慢，到蜕皮时才表现出较高的死亡率。

在幼虫下树期间还可以对地面喷洒白僵粉剂，喷洒药剂后要对树盘进行1次浅锄。

六、绿尾大蚕蛾

也叫板栗水青蛾、绿色天蚕蛾、绿翅天蚕蛾、燕尾水青蛾、绿尾天蚕蛾等，是鳞翅目大蚕蛾科的一种中大型蛾类。主要为害板栗、核桃等果树和林木。

1.症状及快速鉴别

幼虫蚕食板栗叶片，严重时将板栗叶片吃光（图3-15）。

图3-15　绿尾大蚕蛾为害叶片

2.形态特征

（1）成虫　体长32～38毫米，翅展100～130毫米。体粗大，体被白色絮状鳞毛。头部两触角间具紫色横带1条，触角黄褐色羽状。复眼大、球形、黑色。胸背肩板基部前缘具暗紫色横带1条。翅淡青绿色，基部具白色絮状鳞毛，翅脉灰黄色较明显，缘毛浅黄色（图3-16）。

（2）卵　扁圆形，直径约2毫米。初为绿色，近孵化时变为褐色。

（3）幼虫　体长80～100毫米。体黄绿色粗壮，被污白细毛。体节近六角形，着生肉突状毛瘤，前胸5个，中、后胸各8个，腹部每节6个，毛瘤上具白色刚毛和褐色短刺。中、后胸及第8腹节背上毛瘤大，顶部黄基部黑，其他处毛瘤端部蓝色，基部棕黑色。第1～8腹节气门线上边赤褐色，下边黄色。体腹面黑色，臀板中央及臀足后缘具紫褐色斑。胸足褐色，腹足棕褐色，上部具黑横带（图3-16）。

（4）**蛹**　长40～45毫米，椭圆形，紫黑色，额区具1浅斑（图3-16）。

（5）**茧**　长45～50毫米，椭圆形，丝质粗糙，灰褐至黄褐色。

图3-16　绿尾大蚕蛾成虫、幼虫及蛹

3.生活习性及发生规律

一年发生2代。以茧蛹附在板栗树枝或地被物下越冬。翌年5月中旬羽化、交尾产卵。卵期10余天。第一代幼虫于5月下旬～6月上旬发生，7月中旬化蛹，蛹期10～15天。7月下旬～8月为一代成虫发生期。第二代幼虫8月中旬开始发生，为害至9月中下旬，陆续结茧化蛹越冬。成虫昼伏夜出，有趋光性，日落后开始活动，21～23时最活跃，虫体大、笨拙，但飞翔力强。卵多产在叶背或枝干上，有时雌蛾跌落树下将卵产在土块或草上，常数粒或偶见数十粒成堆或排开产在一起，每雌成虫可产卵200～300粒。成虫寿命7～12天。初孵幼虫群集取食，2、3龄后分散。取食时先将1片叶吃完后再为害邻叶，残留叶柄。幼虫行动迟缓食量大，每头幼虫可食100多片叶。幼虫老熟后在枝上贴叶吐丝，结茧化蛹。第二代幼虫老熟后下树附在树干或其他植物上吐丝结茧，化蛹越冬。

4.防治妙招

（1）**人工捕杀**　幼虫体大无毒毛，粪粒大，容易发现，可组织人工捕捉。冬季落叶后采摘挂在树上的越冬茧，并可缫丝利用。

（2）**药剂防治**　在各代幼虫幼龄期，可喷洒90%敌百虫800倍液进行有效防治。

七、板栗大袋蛾

也叫大蓑蛾、避债蛾，俗称布袋虫、吊死鬼、背包虫等。为害板栗的袋蛾类害虫除大袋蛾外，还有茶袋蛾、白袋蛾、小袋蛾等。

1.症状及快速鉴别

幼虫取食栗树叶、嫩枝皮及幼果。食性暴烈。大发生时几天能将全树叶片全部吃光，残存秃枝光杆，严重影响树体生长、开花结实，使枝条枯萎或整株枯死（图3-17）。

图3-17 板栗大袋蛾为害症状

2.形态特征

（1）成虫 雌雄异型。雌成虫无翅，乳白色，肥胖呈蛆状；头小、黑色、圆形，触角退化为短刺状，棕褐色，口器退化，胸足短小，腹部8节均有黄色硬皮板，节间生黄色鳞状细毛。雄虫有翅，翅展26～33毫米，体黑褐色，触角羽状，前、后翅均有褐色鳞毛，前翅有4～5个透明斑（图3-18）。

（2）卵 椭圆形，淡黄色。

（3）幼虫 雌幼虫较肥大，黑褐色，胸足发达，胸背板角质，污白色；中部有两条明显的棕色斑纹。雄幼虫较瘦小，色较淡，呈黄褐色（图3-19）。

（4）蛹 雌蛹黑褐色，体长22～33毫米，无触角及翅。雄蛹黄褐色，体细长，17～20毫米，前翅、触角、口器均很明显。

3.生活习性及发生规律

在河南、江苏、浙江、安徽、江西、湖北及长江流域等地一年发

图3-18 大袋蛾雄、雌成虫 图3-19 大袋蛾幼虫

生1代；南方极少数地区一年发生2代。以老熟幼虫在袋囊中挂在树枝梢上越冬。翌年春季4月中下旬一般不再活动、取食或稍微活动取食。雄虫5月中旬开始化蛹，雌虫5月下旬开始化蛹，雄成虫和雌成虫分别于5月下旬及6月上旬羽化并开始交尾产卵。6月中旬幼虫开始孵化，6月下旬～7月上旬为孵化盛期。8月上中旬食害剧烈，9月上旬幼虫开始老熟越冬。10月中、下旬幼虫逐渐从枝梢转移，将袋囊用丝牢牢固定在枝上，袋口用丝封闭越冬。

4.防治妙招

（1）人工防治 冬季或早春栗树落叶后，可见到树冠上袋蛾的袋囊十分明显。可采用人工摘除有虫的袋囊，将袋蛾幼虫饲养家禽。冬季注意在苗木上摘除虫囊，可控制害虫传入新区。

（2）**药剂防治** 喷药时期宜在幼虫孵化盛期或幼虫初龄阶段。虫龄增大后不但耐药性增强，并有绝食迁移避药的习性。7月上旬可喷施90%晶体敌百虫1000～2000倍液，防治1～3龄幼虫。用90%晶体敌百虫500～800倍液防治4～5龄幼虫，杀虫率可达90%～100%。采用50%辛硫磷800倍液，或80%敌敌畏乳油1000～1500倍液，或2.5%溴氰菊酯乳油5000～10000倍液，防治大袋蛾低龄幼虫也有良好的防治效果。

（3）**生物防治** 约在7月30日喷洒0.2%苏云金杆菌液（1亿～2亿个孢子/毫升），72小时后幼虫死亡率可达100%。用青虫菌1000倍液防治树木上的袋蛾，喷药7天后幼虫死亡率达90%以上。

目前发现袋蛾的天敌有桑蟥聚瘤姬蜂、袋蛾瘤姬蜂、大腿小蜂、黑点瘤姬蜂、脊腿姬蜂、小蜂及寄生蝇（寄生率高）、线虫和细菌等。应注意保护和利用天敌。

八、木橑尺蠖

也叫木橑步曲，俗称吊死鬼、小大头虫、量天尺，属鳞翅目、尺蠖蛾科，是板栗树普遍发生的一种杂食性害虫。

1.症状及快速鉴别

以幼虫为害栗叶，食性杂，食量大，大发生时3～5天后即可将栗树叶吃光，严重影响树势和产量（图3-20）。

2.形态特征

（1）成虫　体长17～31毫米，翅展54～78毫米，腹背近乳白色，腹末棕黄色。复眼深褐色。头棕黄色，触角雌蛾丝状，雄蛾短羽毛状。胸背有棕黄色鳞毛，中央有1浅灰色斑纹，前后翅均有不规则的灰色和橙色斑点，中室端部呈灰色不规则块状，在前后翅外线上各有

图3-20　木橑尺蠖为害叶片

1串橙色和深褐色圆斑，但显隐差异大。前翅基部有1个橙色大圆斑。雌虫腹部肥大，末端具棕黄色毛丛。雄虫腹部瘦小，末端鳞毛稀少（图3-21）。

图3-21　木橑尺蠖成虫

（2）卵　扁圆形。初为绿色，渐变为灰绿色。长0.9毫米，数十粒成块，卵块上有一层黄棕色绒毛。孵化前变为黑色。

（3）**幼虫**　有6个龄期，老熟幼虫体长约70毫米，体色随所食植物的颜色而有变化，幼虫发育渐变为草绿色、绿色、浅褐色或棕黑色。体色似树皮（图3-22）。

图3-22　木橑尺蠖幼虫

图3-23　木橑尺蠖蛹

（4）**蛹**　长约30毫米，宽8～9毫米。初为翠绿色，后为黑褐色。体表布小刻点，表面光滑（图3-23）。

3.生活习性及发生规律

在河南、河北、山西每年发生一代。以蛹在树干周围土层内3厘米处或石缝内、杂草及碎石堆中越冬。在河北5月上旬～8月下旬羽化，7月中下旬为盛期。成虫趋光性强，羽化后交尾，卵块产于树皮缝或石块上。初孵幼虫有群集性，活泼，爬行很快，能吐丝下垂借风力转移为害，幼虫期约40天。老熟幼虫坠地，在树下约3厘米深的土缝、石缝或乱石下化蛹，以蛹在土中越冬。

4.防治妙招

（1）**刨地挖蛹**　落叶后至结冻前，或早春解冻后至羽化前结合整地，刨除土中的蛹，组织人工挖蛹。清除树下杂草石块及枯枝落叶，使越冬蛹露出地面，提高自然死亡率。这种人工防治措施，可控制虫害的大面积发生。

（2）**捕捉成虫**　5～8月成虫羽化期，利用成虫趋光性，采用人工捕捉或晚上烧堆火或设黑光灯诱杀（用200瓦电灯也可）。

（3）**药剂防治**　应在幼虫4龄以前进行喷药防治，此时幼虫抗药力弱。各代幼虫孵化期可喷90%敌百虫800～1000倍液，或50%辛硫磷乳油1200倍液，或5%氯氰菊酯乳油3000倍液，或10%天王星乳油3000～4000倍液等，均有较好的防治效果。

（4）保护和利用天敌　7～8月释放天敌赤眼蜂对害虫能起到一定的控制作用。

九、刺蛾

也叫洋辣子、毛辣虫。食性杂，是板栗上重要的食叶害虫。

1.症状及快速鉴别

幼虫主要为害叶片。1～2龄幼虫只咬食叶背表皮及叶肉。3龄以后将叶片咬食成缺刻。严重时将叶片全部蚕食光，仅残留叶柄及主脉（图3-24）。

图3-24　刺蛾为害状

2.形态特征

（1）成虫　体长13～18毫米，翅展28～39毫米，体暗灰褐色，腹面及足色深。雌虫触角丝状，基部10多节呈栉齿状，雄虫羽状。前翅灰褐稍带紫色，中室外侧有一明显的暗褐色斜纹，自前缘近顶角处向后缘中部倾斜。中室上角有一黑点，雄蛾较明显。后翅暗灰褐色（图3-25）。

（2）卵　扁椭圆形，长1.1毫米。初为淡黄绿色，后呈灰褐色。

（3）幼虫　体长21～26毫米。体扁椭圆形，背稍隆起似龟背。绿色或黄绿色，背线白色、边缘蓝色。体边缘每侧有10个瘤状突起，上生刺毛，各节背面有2小丛刺毛，第4节背面两侧各有1个红点（图3-25）。

（4）蛹　体长10～15毫米。前端较肥大，近椭圆形。初为乳白色，近羽化时变为黄褐色。茧长12～16毫米，椭圆形，暗褐色（图3-25）。

3.生活习性及发生规律

北方一年发生1代，长江下游地区2代，少数3代。均以老熟幼虫在树下3～6厘米土层内结茧，以前蛹越冬。1代区5月中旬开始化

图3-25　刺蛾成虫、幼虫及蛹

蛹，6月上旬开始羽化、产卵，发生期不整齐，6月中旬～8月上旬均可见到初孵幼虫，8月立秋前后为害最重，8月下旬开始陆续老熟入土结茧越冬。2～3代区4月中旬开始化蛹，5月中旬～6月上旬羽化。第一代幼虫发生期为5月下旬～7月中旬；第二代幼虫发生期为7月下旬～9月中旬；第三代幼虫发生期为9月上旬～10月。以末代老熟幼虫入土结茧越冬。成虫多在黄昏羽化时出土，昼伏夜出，羽化后即可交配，2天后产卵，多散产于叶面上。卵期约7天。幼虫共8龄，6龄起可食尽全叶。老熟后多在夜间下树结茧。

4.防治妙招

（1）夏季（1代区）和冬春季（1～2代区）结合修剪等生产作业，剪除虫茧或掰掉虫茧。或挖除树基四周土壤中的虫茧，减少虫源。

（2）在低龄幼虫群集为害时剪除虫叶，杀死幼虫。

（3）为害严重时，在幼虫低龄盛发期，可喷洒80%敌敌畏乳油1200倍液，或50%辛硫磷乳油1000倍液，或50%马拉硫磷乳油1000倍液，或25%亚胺硫磷乳油1000倍液，或25%爱卡士乳油1500倍液，或5%来福灵乳油3000倍液等；也可喷洒灭扫利，或20%敌灭灵或20%的灭幼脲3号悬浮剂等杀虫剂，均可防治害虫。

十、角纹卷叶蛾

属鳞翅目，卷叶蛾科。分布在东北、华北等板栗产区。

1.症状及快速鉴别

幼虫常吐丝将一张叶片先端横卷或纵卷成筒状为害，筒两端开放。幼虫转移频繁。

2.形态特征

（1）成虫　前翅棕黄色，斑纹暗褐色带有紫铜色。基斑呈指状在白翅基部后缘上。中带上窄下宽，近中室外侧有1黑斑。端纹扩大呈三角形，顶角处有1黑色斑。

（2）卵　扁椭圆形，灰褐色至灰白色。外被有胶质膜。

（3）幼虫　老熟幼虫头部黑色，前胸盾前半部黄褐色，后半部黑褐色，胸足黑褐色，臀栉8齿，胴部灰绿色（图3-26）。

图3-26　角纹卷叶蛾成虫

（4）蛹　黄褐色。

3.生活习性及发生规律

在东北、华北一年发生1代。以卵块在枝条分叉处或芽基部越冬。4月下旬～5月中旬卵开始孵化，初孵幼虫常爬到枝梢顶端群集为害。稍大后吐丝下垂，分散为害。6月下旬老熟幼虫在卷叶中化蛹，羽化后产卵越冬。

4.防治妙招

（1）结合冬剪，剪除越冬卵块。

（2）在冬卵孵化盛期喷药防治。初孵幼虫可用20%灭幼脲悬浮剂2000～3000倍液，或50%马拉硫磷乳油1000～2000倍液，或50%辛硫磷乳油1500～2000倍液，或1.8%阿维菌素乳油3000～4000倍液等药剂喷雾防治。

十一、板栗毒蛾

也叫栎毒蛾、波斑毒蛾，属鳞翅目、毒蛾科、毒蛾属。是河北省

板栗产区重要食叶害虫，往往造成许多栗园叶片连年被吃光，造成无栗果、无产量。

图3-27　板栗毒蛾为害叶片症状

1.症状及快速鉴别

以幼虫食害栗树的芽、嫩叶和叶片，常将叶片食成缺刻，残缺不全。严重时吃树叶是发出"沙沙"的声音，就像下雨一样的声响，5天之内可将栗叶全部吃光，造成板栗减产甚至绝产（图3-27）。

2.形态特征

（1）成虫　翅展40～70毫米，雌、雄体型大小存在差异，雌蛾较大，雄虫约45毫米，雌虫约70毫米。雄蛾头部黑褐色。触角羽状发达，胸部和足浅橙黄色，有黑色斑。腹部暗橙黄色，中央有1列纵黑斑（图3-28）。

（2）卵　卵块灰白色，每个卵块含卵粒约200粒。卵灰白色，球形，直径约0.9毫米。卵壳表面光滑。

（3）幼虫　老熟幼虫体长约55毫米，头宽约6毫米，头部茶褐色，散生黑褐色斑。虫体黑褐色，体表有散生白色小细点，气门前瘤突起，有黑褐色长且向外突出的毛束（图3-28）。

（4）蛹　体长23～30毫米，初为黄色，渐变为黄棕色。茧比较薄，在虫茧的顶部有1对短毛束。

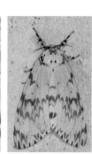

图3-28　板栗毒蛾成虫及幼虫

3.生活习性及发生规律

以虫卵在树皮裂缝、伤疤和树体的阴面等处度过漫长的冬季。翌年5月越冬的虫卵孵化。幼虫孵化后1龄幼虫集中啃食1片叶正面的叶肉，形成半截干叶。2～3龄集中转移到其他叶片吃成半截叶。4龄以后分散啃食叶片。成虫集中产卵在板栗中下部的叶尖上。在我国东北，老熟幼虫在杂草间或枝叶间结茧化蛹。

4.防治妙招

（1）**人工防治**　春季在越冬的虫卵孵化之前，刮除树干上的卵块，并集中烧毁。8月中旬在毒蛾幼虫2龄以前逐树检查1次，发现有半截干叶片的地方，认真查找栗毒蛾幼虫集中的叶片，摘掉有虫叶片，杀死幼虫。

（2）**药剂涂干**　5月中旬是栗树雄花显现期，也是用药剂涂干防治的最佳时期。此时正是幼虫1～2龄期，对药剂比较敏感，防治效果较好。涂干的药剂可用80%敌敌畏5倍液，或45%栗虫净乳油5倍液。树干涂过药后用塑料布扎好，效果可达94%以上，并具有保护天敌、兼治其他食叶害虫的作用。此项技术操作简便，经济有效，易于推广。

（3）**药剂防治**　在幼虫盛发期3龄以前进行树体喷药防治。可用生物农药青虫菌6号1000倍液，或Bt乳剂1000倍液，或25%灭幼脲3号胶悬剂1000～1500倍液，或25%苏脲1号胶悬剂1000～1500倍液，或50%对硫磷乳油2000倍液，或90%晶体敌百虫1500倍液，对幼虫均有较好的灭杀效果。

> **提示**　栗毒蛾3龄以后分散啃食板栗叶片，失去人工防治最佳时机，就要用高效低毒拟除虫菊酯类（如氯氰菊酯）杀虫剂除治。或者使用胃毒、触杀类农药。但这时用药防治难度较大，最好是早发现、早除治。

十二、板栗舞毒蛾

也叫秋千毛虫、苹果毒蛾、柿毛虫，属鳞翅目、毒蛾科、毒蛾属。

1.症状及快速鉴别

幼虫主要为害叶片，食量大，食性杂。严重时几周之内可将栗树叶全部吃光（图3-29）。

图3-29 板栗舞毒蛾为害症状

2.形态特征

（1）成虫 雌雄异型。雄成虫体长约20毫米，前翅茶褐色，有四五条波状横带，外缘呈深色带状，中室中央有1黑点。雌成虫体长约25毫米，前翅灰白色，每两条脉纹间有1个黑褐色斑点。腹末有黄褐色毛丛（图3-30）。

（2）卵 圆形稍扁，直径1.3毫米。初产为杏黄色，数百粒至上千粒产在一起，形成卵块，其上覆盖有很厚的黄褐色绒毛（图3-31）。

图3-30 板栗舞毒蛾雄成虫

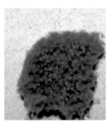

图3-31 板栗舞毒蛾雌成虫及卵块

（3）幼虫 老熟时，体长50～70毫米。头黄褐色，有八字形黑色纹。前胸至腹部第2节的毛瘤为蓝色，腹部第3～9节的7对毛瘤为红色（图3-32）。

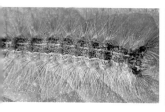

图3-32 幼虫

（4）蛹 体长19～34毫米，雌蛹大，雄蛹小。体红褐或黑褐色，被有锈黄色毛丛（图3-33）。

图3-33 蛹

3.生活习性及发生规律

一年发生1代。以卵在石块缝隙或树干背面洼裂处越冬。板栗芽萌发时开始孵化。初孵幼虫白天多群栖叶背面，夜间取食叶片成孔洞。受震动后吐丝下垂，借风力传播，故称秋千毛虫。2龄后分散取食，白天栖息在树杈、树皮缝或树下的石块下，傍晚上树取食，天亮时又爬到隐蔽场所。雄虫蜕皮5次，雌虫蜕皮6次，均在夜间群集树上蜕皮，幼虫期约60天，5～6月为害最重，6月中下旬陆续老熟，爬到隐蔽处结茧化蛹，蛹期10～15天。成虫7月中旬大量羽化。成虫有趋光性，雄虫活泼善飞翔，白天常成群作旋转飞舞于树冠内。雌虫很少飞舞，能释放性外激素引诱雄蛾前来交配。交尾后多在树枝、树干阴面产卵，每雌虫可产卵1～2块，每块数百粒，上覆雌蛾腹末的黄褐鳞毛。翌年5月间越冬卵孵化，初孵幼虫有群集为害习性，长大后分散为害。为害至7月上、中旬老熟幼虫在树干洼裂地方、枝杈、枯叶等处结茧化蛹。

4.防治妙招

做好预测并积极防治，使害虫的为害大大减小。

（1）人工采集卵块 在舞毒蛾大发生的年份，卵一般大量集中在石崖下、树干、草丛等处，卵期长达9个月，所以容易人工采集并集中销毁。

（2）人工采集幼虫　对于小面积严重发生的地块实施效果较好，采集时间应在舞毒蛾幼虫暴食期前的3～4龄期进行。这种防治方法可以作为采卵块方法的延伸和补充。

（3）烟剂防治　每年的5月下旬～6月上旬在幼虫约3龄期进行化学烟剂防治，放烟时间一般掌握在清晨或傍晚时出现逆温层时进行，烟点之间的距离为7米，烟点带间的距离为300米，如果超过300米应补充辅助烟带。在放烟时一定要按照烟剂安全操作规程操作，放烟过程中注意防火，防止引起森林火灾。

注意　烟剂应以生物农药为主，降低化学农药对环境的破坏作用。但在必要时也可以使用化学药剂，进行紧急压低虫口密度，减轻灾害的损失。

（4）药剂防治

① 生物药剂防治　主要防治幼虫，在人工采集舞毒蛾卵块后，卵密度仍较高的栗园，在卵孵化高峰期进行喷雾防治1龄幼虫，注意掌握在舞毒蛾卵孵化高峰期。防治时应在3龄幼虫期，可用苏云金杆菌Bt进行喷雾防治，或1.8%阿维菌素乳油用喷烟机喷烟或喷雾防治，或用其他生物农药喷雾喷烟防治。

提示　喷烟防治具有防火、安全、高效等优点，对防治食叶害虫效果较好。

② 化学药剂防治　可用2.5%溴氰菊酯3000～5000倍液，或20%杀灭菊酯1000倍液，或2.5%敌百虫粉剂，或25%的灭扫利2000倍液，或20%的速灭杀丁2000倍液，或75%辛硫磷乳剂2000倍液，均可防治舞毒蛾为害。

（5）灯光诱杀　及时预测掌握舞毒蛾羽化始盛期，并在野外利用黑光灯或频振灯配高压电网进行诱杀。出灯时应以2台以上为1组，灯与灯间的距离为500米，可以取得较好的防治效果。

注意　在灯光诱杀的过程中，一定要对灯具周围的空地进行喷洒化学杀虫剂，及时杀死诱到的各种害虫的成虫。

（6）**性引诱剂诱杀** 成虫具有强的趋化性的特点，特别是对雌蛾释放出的性信息素。利用这一特点，可利用人工合成的性引诱剂诱杀舞毒蛾成虫。

（7）**生物防治**

① **释放舞毒蛾天敌** 如黑瘤姬蜂、卷叶蛾姬蜂、毛虫追寄蜂、广大腿小蜂、舞毒蛾平腹小蜂，或使用白僵菌（含孢量100亿个/克，活孢率90%以上）、舞毒蛾核型多角体病毒（每单位加水3000倍，3龄虫前使用）、苏云金杆菌液加水1000倍喷雾，均可有效防治舞毒蛾为害。

② **改善环境，保护天敌** 舞毒蛾的发生与环境条件有密切的关系。因此，改善林分结构，提高环境质量，合理密植是防治舞毒蛾害虫的有效途径之一。

十三、栗黄枯叶蛾

也叫栎黄枯叶蛾、绿黄枯叶蛾、蓖麻枯叶蛾。

1.症状及快速鉴别

幼虫食叶成孔洞和缺刻。严重时可将叶片吃光，只残留叶柄。

2.形态特征

（1）**成虫** 雌雄异型。雄蛾翅展41～53毫米，雌蛾翅展58～79毫米。前翅近三角形（图3-34）。

（2）**卵** 铅灰色，顶部有1褐色斑。

（3）**幼虫** 老熟幼虫体长50～63毫米，头壳紫红色，具黄色纹。胸部第1节两侧各具1束黑色长毛，体被浓密毒毛，背纵带颜色黄白相间。腹部1～2节间和7～8节间的背部各具1束白色长毛，体侧各节间具蓝色斑点，腹足红色（图3-34）。

图3-34　成虫及幼虫

（4）蛹　为被蛹，背面红褐，腹面橙黄，胸背部后端具两丛黑色毛束。茧马鞍形，黄褐色。

3.生活习性及发生规律

山西、陕西、河南一年发生1代，南方一年发生2代。以卵越冬。寄主萌芽后孵化，初孵幼虫群集叶背取食叶肉，受惊扰吐丝下垂，2龄后分散取食。幼虫期80～90天，共7龄。7月开始老熟，在枝干上结茧化蛹，蛹期9～20天。7月下旬～8月羽化。成虫昼伏夜出，有趋光性，多在傍晚交配，卵多产在枝条或树干上，常数十粒排成2行，粘有稀疏黑褐色鳞毛，状如毛虫。每雌虫产卵200～320粒。2代区成虫发生在4～5月和6～9月。

4.防治妙招

（1）冬春剪除越冬卵块，集中处理。

（2）捕杀群集的幼虫。

（3）幼虫发生期及时进行药剂防治。可用90%敌百虫乳油1000～3000倍液毒杀2～3龄幼虫，死亡率可达96%以上；毒杀4～5龄幼虫，死亡率可达92%。

（4）保护和利用天敌。主要有蝎敌、多刺孔寄蝇、黑青金小蜂等。

十四、黄褐天幕毛虫

也叫天幕枯叶蛾，俗称顶针虫，属鳞翅目、枯叶蛾科、天幕毛虫属。

1.症状及快速鉴别

主要以幼虫为害叶片。严重发生时可将被害栗树叶片全部吃光，甚至造成植株枯死（图3-35）。

图3-35　黄褐天幕毛虫为害状

2.形态特征

（1）**成虫** 雄成虫体长约15毫米，翅展长为24~32毫米，全体淡黄色，前翅中央有2条深褐色的细横线，两线间的部分颜色较深，呈褐色宽带，缘毛褐灰色相间。雌成虫体长约20毫米，翅展长29~39毫米，体翅褐黄色，腹部色较深，前翅中央有1条镶有米黄色细边的赤褐色宽横带（图3-36）。

（2）**卵** 椭圆形，灰白色，高约1.3毫米，顶部中央凹下，卵壳非常坚硬，常数百粒卵围绕枝条排成圆桶状，非常整齐，形似顶针状或指环状。因此将黄褐天幕毛虫也称为"顶针虫"（图3-38）。

图3-36 黄褐天幕毛虫成虫及卵

（3）**幼虫** 共5龄，老熟幼虫体长50~55毫米，头部灰蓝色，顶部有2个黑色的圆斑。体侧有鲜艳的蓝灰色、黄色和黑色的横带，体背线为白色，亚背线橙黄色，气门黑色。体背具黑色的长毛，侧面生淡褐色长毛（图3-37）。

图3-37 黄褐天幕毛虫幼虫

（4）**蛹** 体长13~25毫米，黄褐色或黑褐色，体表有金黄色细毛。茧黄白色，呈棱形，双层，一般结茧在阔叶树的叶片正面、草叶正面或落叶松的叶簇中（图3-38）。

图3-38 黄褐天幕毛虫蛹

3.生活习性及发生规律

一年发生1代。以卵越冬，卵内已经是没有出壳的小幼虫。翌年5月上旬当树木发芽展叶时开始钻出卵壳为害嫩叶，以后又转移到枝杈处吐丝张网。1～4龄幼虫白天群集在网幕中，晚间出来取食叶片。幼虫近老熟时分散活动，此时幼虫食量大增容易暴发成灾。在5月下旬～6月上旬是为害盛期。同期开始陆续老熟后在叶间杂草丛中结茧化蛹。7月为成虫盛发期，羽化成虫晚间活动。成虫羽化后即可交尾，在当年生小枝上产卵。每1雌蛾一般产1个卵块，每个卵块146～520粒卵，也有部分雌蛾产2个卵块。主要集中产卵在柳树枝条上，每1丛柳条上卵块数高达70多块。幼虫胚胎发育完成后不出卵壳即越冬。

幼虫期35天，蛹期15天，成虫期7天，卵期长达10个多月。

4.防治妙招

（1）**喷烟喷雾**　在5月中旬～6月上旬黄褐天幕毛虫幼虫期，可利用生物农药或仿生农药，如阿维菌素、Bt、杀铃脲、灭幼脲、烟参碱等进行喷烟或喷雾，控制虫口密度，降低种群数量，减轻为害程度。

（2）**灯光诱杀**　在7月上、中旬可利用黑光灯、频振灯等诱杀成虫。

（3）**人工采卵**　在卵期可发动人员采集黄褐天幕毛虫的卵。因为黄褐天幕毛虫是一种喜阳的昆虫，一般林缘虫口密度高于林内，且卵块在树枝的枝头上非常明显，采集起来比较容易。

（4）**药剂防治**　尽量选择在低龄幼虫期防治。此时虫口密度小、危害小，并且低龄幼虫的耐药性相对较弱。可用45%丙溴辛硫磷1000倍液，或20%氰戊菊酯1500倍液＋5.7%甲维盐2000倍混合液，或40%必治1500～2000倍液等药剂喷雾杀灭幼虫。间隔7～10天可连用1~2次。轮换用药延缓耐药性的产生。

（5）生物防治 害虫易受天幕毛虫抱寄蝇、核型多角体病毒、白僵菌等寄生或感染。

十五、金龟子类

属昆虫纲、鞘翅目、金龟子科，是鞘翅目中的1个大科，种类很多，常见的有铜绿金龟子、四纹丽金龟子、苹毛丽金龟子、暗黑金龟子、白星花金龟子等。是一种杂食性害虫，是栗区主要害虫之一。

1.症状及快速鉴别

成虫常聚集在栗芽、叶片处取食为害。将叶片吃成网状，可将芽、叶食光。幼虫咬食根系，导致树体衰弱，甚至枯死（图3-39）。

图3-39 金龟子食叶为害

2.形态特征

（1）成虫 虫体多为卵圆形或椭圆形，触角鳃叶状，由9~11节组成，各节都能自由开闭。体壳坚硬，表面光滑，多有金属光泽。前翅坚硬，后翅膜质（图3-40）。

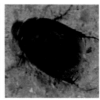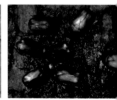

图3-40 金龟子类成虫

（2）幼虫 也称蛴螬。体乳白色，圆筒形（图3-41）。

3.生活习性及发生规律

多在夜间活动，有趋光性。

图3-41　金龟子幼虫

一年发生1代。以幼虫在土中越冬。翌年4月成虫开始出现。板栗芽膨大期上午10点以后，大量成虫聚集发生。阳坡局部为害严重。

4.防治妙招

（1）清扫栗园枯枝落叶，铲除杂草，带出园外集中烧毁或深埋，减少虫源。

（2）在成虫羽化出土高峰期，利用害虫趋光性，在栗园周边安装黑光灯、电灯、火堆诱杀，效果良好。晚上灯光诱杀时灯下可放置水盆，水中滴入一些煤油，效果更佳。

（3）利用成虫的假死性，在早晨或傍晚，采取人工摇动树枝，震动树冠，让成虫掉落地上，人工收集、捕捉成虫。

（4）栗园里放养鸡、鸭，保护栗园的鸟类、青蛙、寄生蜂等天敌。

（5）毒杀幼虫。结合松土整地，可用5%辛硫磷颗粒5～7千克/667平方米撒施在树冠地面，然后翻入土中，毒杀幼虫。也可用3%呋喃丹1～1.5千克/667平方米均匀撒施后耙土覆盖，或用50%辛硫磷1000倍液浇灌。

（6）种植寄主植物。早期在栗园树下种植菠菜等青菜或草木樨。栗树萌芽时青菜已经长出，金龟子成虫出土后飞到菜上，往菜上喷洒1000倍氯氰菊酯，可大大减少金龟子为害。

（7）嫁接后将接穗用塑料袋套好，防止金龟子为害。新梢长出时将塑料袋顶端撕破，以便新梢能够正常生长。

（8）在成虫盛发期傍晚喷药。可喷90%敌百虫1500倍液，或80%敌敌畏1000倍液，或10%灭百可1000倍液，或50%辛硫磷乳油

800～1000倍液，或甲虫净1000倍液等药剂。

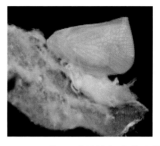

十六、板栗碧蛾蜡蝉

也叫黄翅羽衣、橘白蜡虫、碧蜡蝉，属同翅目、蛾蜡蝉科。

1.症状及快速鉴别

图3-42　板栗碧蛾蜡蝉为害症状

以成虫、若虫刺吸板栗树枝、茎、叶的汁液。严重时枝、茎和叶上布满白色蜡质，导致树势衰弱，造成落花落果（图3-42）。

2.形态特征

（1）成虫　体黄绿色，顶短向前略突，侧缘脊状褐色。额长大于宽，有中脊，侧缘脊状带褐色。喙粗短伸至中足基节。唇基色略深。复眼黑褐色，单眼黄色。前胸背板短，前缘中部呈弧形，前突达复眼前沿，后缘弧形凹入，背板上有2条褐色纵带。中胸背板长，上有3条平行纵脊及2条淡褐色纵带。腹部浅黄褐色覆白粉。前翅宽阔，外缘平直，翅脉黄色，脉纹密布似网纹，红色细纹绕过顶角，经外缘伸至后缘爪片末端。后翅灰白色，翅脉淡黄褐色。足胫节、跗节颜色略深。静息时翅常纵叠呈屋脊状（图3-43）。

（2）卵　纺锤形，乳白色。

（3）若虫　老熟若虫体长形，扁平。

图3-43　板栗碧蛾蜡蝉成虫

3.生活习性及发生规律

一年发生代数因地域不同而有差异，大部分地区一年发生1代，广西等地一年可发生2代。以卵在枯枝中越冬，也有的以成虫越冬。翌年5月上、中旬孵化，7～8月若虫老熟羽化为成虫；9月受精雌成虫在小枯枝表面和木质部产卵。发生2代的第一代成虫6～7月发生；第二代成虫10月下旬～11月发生，一般若虫发生期3～11个月。

4.防治妙招

（1）加强栽培管理　剪去板栗树枯枝，防止成虫产卵。加强栗园管理，改善通风透光条件，增强树势。出现白色绵状物时用木杆或竹竿触动，使若虫落地并捕杀。

（2）药物防治　幼虫为害期，可选用48%毒死蜱乳油1000～1500倍液，或10%吡虫啉可湿性粉剂2000～3000倍液，或25%噻嗪酮可湿性粉剂1000～2000倍液等药剂进行喷雾防治。

提示　由于害虫被有蜡粉，在药液中如果混用含油量0.3%～0.4%的柴油乳剂，或黏土柴油乳剂，可显著提高防治效果。

十七、板栗八点广翅蜡蝉

也叫八点蜡蝉、八点光蝉、桔八点光蝉、咖啡黑褐蛾蜡蝉、黑羽衣、白雄鸡等。

图3-44　八点广翅蜡蝉为害症状

1.症状及快速鉴别

成、若虫喜欢在嫩枝和芽、叶上刺吸汁液。在当年生枝条内产卵，影响枝条生长。严重时产卵部位以上枯死，削弱树势（图3-44）。

2.形态特征

（1）成虫　体长11.5～13.5毫米，翅展23.5～26毫米。黑褐色，疏被白蜡粉。触角刚毛状，短小，单眼2个，红色（图3-45）。

（2）卵　长1.2毫米，长卵形，卵顶具1圆形小突起。初为乳白色，渐变为淡黄色。

（3）若虫　体长5～6毫米，宽3.5～4毫米。体略呈钝菱形，翅芽处最宽，暗黄褐色，有深浅不同的斑纹，体疏被白色蜡粉（图3-47）。

图3-45　成虫及若虫

3.生活习性及发生规律

一年发生1代。以卵在枝条内越冬。5月间陆续孵化，为害至7月下旬开始老熟羽化，8月中旬前后为羽化盛期。成虫经20余天取食后开始交配。8月下旬～10月下旬为产卵期，9月中旬～10月上旬为产卵盛期。白天活动为害。若虫有群集性，常数头在一起排列在枝上，爬行迅速，善于跳跃。成虫飞行力较强且迅速，在当年生枝木质部内产卵，以直径4～5毫米粗的枝条背面光滑处产卵较多，产卵孔排列成1纵列，孔外带出部分木丝，并覆有白色棉毛状蜡丝，极易发现与识别。成虫寿命50～70天，秋后陆续死亡。

4.防治妙招

（1）农业防治　注意冬春季修剪时剪除有卵块的枝条，带出园外集中处理，减少虫源。

（2）药剂防治　为害严重时结合防治其他害虫兼治此虫。可喷菊酯类、有机磷及其复配药剂等，均有较好效果。常用50%啶虫脒水分散粒剂3000倍液，或10%吡虫啉可湿性粉剂1000倍液，或40%啶虫·毒乳油1500～2000倍液，或啶虫脒水分散粒剂3000倍液＋5.7%甲维盐乳油2000倍混合液喷雾，均可进行有效防治。

提示　由于害虫虫体特别是若虫被有蜡粉，所用药液中如能混用含油量0.3%～0.4%的柴油乳剂，或黏土柴油乳剂，可显著提高防治效果。

十八、板栗黑粉虱

也叫桔黑粉虱、柑橘圆粉虱、柑橘无刺粉虱、马氏粉虱，属同翅目、粉虱科。

1.症状及快速鉴别

以成、若虫刺吸板栗叶片、果实和嫩枝的汁液。被害叶出现失绿黄白斑点，随着为害的加重，斑点扩展成片，进而全叶苍白早落。被害栗果风味品质降低，幼果受害严重时常导致脱落。还可排泄蜜露，导致煤污病的发生（图3-46）。

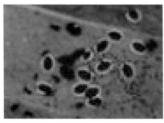

图3-46　板栗黑粉虱为害症状　　图3-47　板栗黑粉虱成虫

2.形态特征

（1）成虫　体长1.2～1.3毫米，橙黄色，有褐色斑纹。复眼红色；单眼2个，生于复眼上缘。触角刚毛状，7节，淡黄色。翅白色半透明，分布有不规则的褐色斑纹，翅面被有白色蜡粉（图3-47）。

（2）卵　椭圆形，长0.22～0.23毫米。基部有1短柄直立附着在叶上，卵壳光滑。初产淡黄绿，孵化前为淡绿褐色。

（3）若虫　初孵体长0.25毫米，椭圆形，淡黄绿色。触角丝状4节。足短、粗壮发达，能爬行。静止后固着不动似蚧虫，体变褐色，触角和足均退化，体周围分泌有白色蜡质物，腹部周缘具16对小突起，并生有长、短刚毛。随着虫龄的增长虫体周围的白色蜡质物增多。3龄初体长约0.6毫米。老熟时体长与蛹壳长相似。

（4）蛹　椭圆形，雌蛹长1～1.2毫米，雄蛹长0.8～1毫米。黑色有光泽，全体无刺毛，体背多皱纹。壳周缘有整齐的白色针芒状蜡丝围绕，蜡丝近透明。

3.生活习性及发生规律

一年多发生3代。多以2龄若虫在栗树1～2年生枝上越冬。板栗发芽后继续为害，开始化蛹、羽化。各代成虫盛发期大体为：越冬代约5月中旬，第一代约7月上旬，第二代约9月中旬，以第三代若虫越冬。卵多散产于叶背，1片叶上可产数十粒卵。初孵若虫寻找适宜的场所静止固着为害不再转移。非越冬若虫多爬到叶背上，越冬若虫多爬到当年生枝上。蜕皮壳常留于体背上，日久多脱落。3龄老熟时体壁硬化不脱掉成为蛹壳，并在内化蛹。

4.防治妙招

（1）加强管理 合理修剪，保证通风透光良好，可减轻害虫的发生与为害。

（2）药剂防治 早春发芽前结合防治蚧虫、蚜虫、红蜘蛛等害虫，可喷含油量5%的柴油乳剂或黏土柴油乳剂，毒杀越冬若虫，有较好的防治效果。

在幼虫1～2龄时施药防治效果好。可喷80%敌敌畏乳油1000～2000倍液，或50%马拉硫磷乳油1000～1500倍液，或10%天王星乳油5000～6000倍液，或20%吡虫啉（康福多）浓可溶剂3000～4000倍液，或20%灭扫利乳油2000倍液，或1.8%爱福丁乳油4000～5000倍液，或10%扑虱灵乳油1000倍液等。

提示 3龄及其以后各虫态害虫的防治，单用化学农药效果不佳，最好用含油量0.4%～0.5%的矿物油乳剂混加上述药剂，可提高杀虫效果。

（3）生态防治 注意保护、利用和引放天敌。

十九、栗花麦蛾

也叫栗蛀花麦蛾，属鳞翅目、麦蛾科。在燕山板栗产区为害严重。

1.症状及快速鉴别

以幼虫蛀食板栗雄花、雌花柱头和幼果，在果皮下串食，使柱头和幼果嫩蓬刺变为褐色，并从被害处排出黑褐色颗粒状虫粪。极少数幼虫可蛀入板栗果心串食种脐。被害的雌花（或幼果）经过约8天后，幼苞即自然脱落。受害严重的栗树落蓬率可达68.5%（图3-48）。

图3-48　栗花麦蛾为害症状

2.形态特征

（1）成虫　体长3.5～4.2毫米。头部纯白色，无杂色鳞片（图3-49）。

（2）卵　圆形或近圆形。初产时为白色或淡黄色，透明。经过3天后出现褐色斑点，以后色淡但斑点加深。孵化前呈黑褐色。

（3）幼虫　初孵时为淡黄色，头部、前胸板及肛上板呈褐色。经过约12小时后颜色变深。老熟幼虫体长4.5～5.5毫米，红褐色，头部、前胸板及肛上板呈黑褐色。单眼6枚，单眼区黑色。胸足3对，腹足4对，腹足趾钩8～10枚。尾足1对，趾钩6～8枚，呈横裂状（图3-49）。

（4）蛹　体长3.5～4.2毫米，黄褐色，头部暗褐色，复眼褐色。老熟幼虫化蛹前吐少许丝，作1薄茧越冬（图3-49）。

图3-49　栗花麦蛾成虫、幼虫及蛹

3.生活习性及发生规律

栗花麦蛾在燕山板栗产区一年发生1代。主要以蛹在栗树树干的树皮裂缝、翘皮下紧贴嫩皮处蛀穴作薄茧越冬；也可在栗树附近的杂木树（山楂、梨、核桃、柞树等）的主干、主枝翘皮裂缝内作茧越冬；以主干的树皮缝内最多。在燕山地区6月上旬出现成虫，成虫在雄花穗上产卵，幼虫有的为害雌花并蛀入幼苞。卵发生期为6月，幼虫为害期为6月～7月上旬。7月上旬以后老熟幼虫在树皮缝蛀1个椭圆形虫室在内化蛹。

4.防治妙招

（1）根据害虫的越冬部位及特点，在秋季以后进行刮树体老翘皮，将刮下的栗树皮集中带出栗园清理，消灭越冬虫源，减少成虫发生量。

（2）根据栗花麦蛾成虫羽化后白天多在树干和距树干1米内的地面静伏的特点，可在树干和地面喷粘着剂，或喷24.5%爱福丁乳油1500倍液，或20%菊杀乳油1500倍液灭杀成虫。

（3）结合除治栗花麦蛾、红蜘蛛，兼治栗大蚜、板栗蚜虫，6月15日～6月25日可一次性综合用药达到最佳综合防治效果。农药选择25%灭幼脲1500倍液＋4.8%阿维哒螨灵1000～1500倍液＋吡虫啉2000～3000倍液，三种农药混合，一次用药可以消灭栗花麦蛾、红蜘蛛、栗大蚜、板栗蚜虫等多种害虫。也可选择尼索朗1600～2000倍液，或高效氯氟氰菊酯3000倍液。

二十、板栗巢沫蝉

属同翅目、棘沫蝉科。

1.症状及快速鉴别

以若虫群集在板栗嫩梢部吸食嫩枝和栗蓬汁液为害，成虫针刺嫩梢造成损伤。经过对受害栗区内的抽样调查，被害株率可达95%以上，受害植株嫩梢被害率20%以上，有的嫩梢石灰质巢管多达4～5个，单株虫口密度百只至千只以上，且分布广泛。若虫为害非常严重，并有日益加

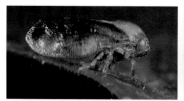

图3-50　板栗巢沫蝉为害症状

重趋势（图3-50）。

2.形态特征

（1）成虫　雌虫体长5～6.5毫米，雄体长3～5毫米，淡绿色，腹面淡褐色。头圆形，头冠略低于背面。前胸背板宽大，中间隆起，长宽略等。小盾片较大，紧贴于背上，楔形，后端如刺伸至腹端。触角针状。复眼一对、褐色，单眼一对、暗红色。前翅革质布满黑点，翅缘的黑点大，内缘黑色，后翅膜质，无色透明，腋区为黑色向内褶起，也显透明（图3-51）。

（2）卵　长1.0～1.2毫米，宽0.4～0.5毫米，茄子形，橘黄色。

（3）若虫　初橘黄色，老熟时淡黄色，触角刚毛状，无色透明，腹部9节，末端翘起，两侧各有一个大红点。生活在石灰质巢管内自身分泌的泡沫状液体中（图3-51）。

图3-51　板栗巢沫蝉成虫及若虫

3.生活习性及发生规律

一年发生2代。以卵在被害枝芽鳞片内越冬。翌年5月越冬卵开始孵化，6月和8月是若虫出现盛期，7月和9月是成虫羽化盛期。成虫多在上午羽化，羽化时老熟若虫将腹部从巢管中退出，腹部末端翘起。

4.防治妙招

（1）若虫集中为害时，可在板栗嫩梢部喷施50%辛硫磷乳剂800倍液，或50%乐斯本乳油1500倍液。

（2）冬季结合修剪，去除被产卵的枯枝，并带出园外进行集中处理。

二十一、栗实象鼻虫

也叫栗实象甲、栗象、栗象甲、板栗象鼻虫等，属鳞翅目、象虫科。我国各板栗产区均有分布和为害，但主要为害南方板栗产区，是为害栗果的重要蛀果害虫。为害严重时可减产50%～90%。

1.症状及快速鉴别

成虫咬食嫩叶、新芽和幼果。成虫在栗蓬上咬1孔在栗苞中产卵，栗苞着卵后，果枝被成虫咬断，造成大量枝果坠落。

以幼虫为害栗实，幼虫体常略呈"C"形弯曲，幼虫先取食栗苞，后蛀食栗仁，在坚果内取食，蛀食果实内子叶。幼蓬受害后易脱落（图3-52）。后期幼虫为害种仁，被害坚果蛀道内充满虫粪，失去了发芽力和食用价值，丧失了商品价值。幼虫脱果后种皮上留有小圆孔，被害果易感染病菌导致霉烂（图3-53）。

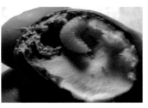

图3-52　栗实象鼻虫幼虫为害栗果初期症状

图3-53　栗实象鼻虫为害栗果后期症状

2. 形态特征

（1）成虫 成虫体型小，呈黑褐色、蓝黑色或灰黑色，有光泽，密被银灰色绒毛，并疏生黑色长毛（图3-54）。

（2）卵 椭圆形，长约1.5毫米。初产时乳白色透明，近孵化时变为淡黄色。

（3）幼虫 初孵化时乳白色，体长0.5～1毫米。老熟后成熟时体长8.5～12毫米，纺锤形，乳白色至淡黄白色，多横皱褶纹，头部黄褐色，口器黑褐色，无足（退化），体常略呈"C"形（镰刀状）弯曲。头体均疏生短毛，有气门8对（图3-54）。

（4）蛹 为裸蛹。体长7.5～11.5毫米，乳白色至灰白色，后期变为淡黄色，近羽化时灰黑色。头管伸向腹部下方，腹部末端有1对褐色刺毛。

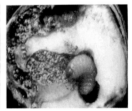

图3-54 栗实象鼻虫成虫和幼虫

3. 生活习性及发生规律

在南方一年发生1代，在长江以北地区2年完成1代。均以老熟幼虫在土中作茧越冬。一般幼虫在10月下旬咬破栗果皮大量脱果，入土深度5～15厘米。翌年继续滞育土中。第三年5～6月开始化蛹，蛹期约1个月。5月底～6月上旬成虫开始羽化，成虫发生期可持续到7月下旬。7月下旬～8月中旬成虫出土。成虫羽化后先在土室内潜伏5～10天，后钻出地面，成虫常在雨后1～3天大量出土。白天在栗树、栎类等取食花序、嫩栗苞、栗实、嫩叶等补充营养，夜晚停在叶片重叠处。成虫在9:00～16:00比较活跃，早、晚很少活动，有假死性，受惊扰即落地假死，趋光性不强。上树取食约1周后即可交尾，交尾后的成虫即可产卵。幼虫沿果皮取食，初孵幼虫先在栗苞内为害，以后逐渐蛀入坚果内取食种仁，最后将坚果蛀食一空，果内充满虫粪，为害期约1个月。幼虫取食种仁，采收后约10天幼虫老熟，幼虫老熟后脱果，蛀1圆孔脱出。幼虫脱果后入土，作茧在土室越冬。

雨水多，不利于幼虫成活。

4.防治妙招

（1）农业防治　实行集约化栽培，加强栽培管理，改善栗园生长条件。清除栗园内或附近的栎类杂树，对减轻栗实象的发生有一定的效果。秋冬季耕翻栗园，深翻改土，破坏土室，消灭在土中越冬的幼虫，对控制栗象的发生为害均有一定效果。

（2）栽培选用抗虫品种　在栗象为害严重的地区，可利用我国丰富的板栗资源，选栽栗蓬球苞大、蓬刺稠密而长、质地坚硬、开裂晚、蓬壳厚等高产优质的抗虫品种，可以明显地减轻为害。

（3）人工防治　栗果成熟后及时采收。及时彻底拾净栗蓬及落地虫果等，集中烧毁或深埋，消灭其中的幼虫，减少幼虫在栗园中脱果入土越冬的数量，是减轻翌年害虫为害的重要措施。

（4）选择好脱粒、晒果及堆果场地　最好选用水泥地面或坚硬场地，防止脱果幼虫入土越冬。堆果期间可放鸡在堆场场地啄食幼虫。

（5）处理脱粒场所，毒杀土中脱果越冬幼虫　收集脱粒场所的脱果幼虫，并进行烧毁处理。严禁将害虫直接埋在土中，因为栗实象的老熟幼虫就在土中越冬。脱粒、晒果及堆果场地事先喷布50%辛硫磷乳油500～600倍液，每平方米喷药液1～1.5千克，最好能使药液渗透至5厘米深的土层中。也可用5%的西维因1份掺细土面10份，均匀撒在地面，再用铁锹将药粉翻入土中深达12～15厘米。如果地面坚实或为水泥地，可在其周围堆一圈喷有辛硫磷或拌有5%辛硫磷颗粒剂的疏松土壤，均可毒杀脱果入土的幼虫，减轻翌年害虫的为害。

（6）温水、热水及冷水浸种

① 温水浸种　栗果脱粒后，将新采收的栗果用50～55℃温水浸泡10～15分钟。

② 热水浸种　在90℃热水浸10～30秒，杀虫率可达90%以上。

处理后的栗果捞出晾干后，即可用湿沙贮藏，不会伤害栗果的发芽力。但在处理时必须严格掌握水温和处理时间，切忌水温过高或浸泡时间过长，否则会产生烫伤。

③冷水浸种　也可将捡拾的栗果或从栗蓬中取出的栗果，立即在自来水中浸泡4～5小时，一是降低栗果自身温度，防止腐烂，降低有氧呼吸；二是将栗实象幼虫从栗果中浸出（此法对桃蛀螟幼虫同样有效）。

（7）熏蒸　有条件的栗果收购点，在冷库或室内等密闭条件下，用溴甲烷或二硫化碳等熏蒸剂处理，能彻底杀死栗果内的幼虫。熏蒸栗果一般以小房间为宜，将栗果装袋后放入室内，溴甲烷用量2.5～3.5克/立方米，熏蒸处理24～48小时。二硫化碳用量30毫升/立方米，熏蒸处理20小时，灭虫率均可达100%。一般在正常用药量范围内对栗果发芽力无不良影响。

（8）药杀成虫

①药剂处理土壤　虫口密度大、虫害严重的栗园，可在成虫即将出土时或出土初期，地面撒施5%辛硫磷颗粒剂，用量为10千克/667平方米，或喷施50%辛硫磷乳油1000倍液，施药后及时浅锄，用铁耙将药、土混匀，将药剂混入土中毒杀出土成虫。在土质的堆栗场上脱粒结束后，可用上述药剂处理土壤，杀死其中的幼虫。

②树冠喷药　在成虫发生期如果虫口密度大，可在产卵之前树冠喷50%辛硫磷乳油1000倍液，或2.5%溴氰菊酯乳油3000倍液，或20%杀灭菊酯乳油3000倍液，或50%敌敌畏乳油800倍液，每隔约10天喷1次，连续喷2～3次，可杀死大量成虫，防止产卵为害。成虫产卵期（7月下旬～8月上中旬）可喷速灭杀丁2000倍液，消灭成虫、卵及初孵幼虫。8月在成虫补充营养时期，可在树冠上喷80%敌敌畏乳油1000倍液毒杀成虫。

（9）捕杀成虫　7月下旬～8月上旬利用成虫的假死习性，在发生期的早晨震动树枝，树下铺塑料布将震落到地面的成虫集中捕杀。

二十二、板栗剪枝象鼻虫

为鞘翅目、象虫科，在我国分布很广。为害板栗、茅栗、栓皮栎、麻栎、辽东栎、蒙古栎等树种，尤以板栗受害最重。一般为害轻的减产约20%，严重的减产50%～90%。

1.症状及快速鉴别

成虫专咬嫩果枝，造成幼小栗蓬大量落地（图3-55）。

2.形态特征

（1）成虫　虫体黑蓝色，具金属

图3-55　板栗剪枝象鼻虫为害症状

光泽。密生银灰色茸毛，并疏生黑色长毛。雌虫体稍长，雄虫体稍短（图3-56）。

图3-56　板栗剪枝象鼻虫成虫

（2）卵　长约1.3毫米，椭圆形。初产时乳白色，渐变为黄白色，近孵化时一端呈现橙色小点。

（3）幼虫　体长4.5～8.6毫米，初孵幼虫乳白色，老熟幼虫黄白色，头部缩入前胸背板内，缩入部分白色，前端露出部分黄褐色，口器黑褐色，前胸背板宽大发达，具2块不很明显的橙黄色斑块。体多横皱，常呈镰刀状弯曲，胴部每节上横生一排较密的黄白色毛。

（4）蛹　长0.7～0.9毫米。初化蛹呈乳白色，后变为淡黄色。密生细毛，腹部末端有1对深褐色尾刺。

3.生活习性及发生规律

一年发生1代。以老熟幼虫在土中越冬。5月上旬开始化蛹，中旬为化蛹盛期。羽化的成虫5月下旬开始出土，6月中旬出土最多，至7月中下旬在田间仍可见到少量的成虫。6月中下旬为产卵盛期。

卵于6月中下旬开始孵化，7月上中旬达孵化盛期。幼虫在8月开始脱果，9~10月为脱果盛期。幼虫脱果后入土越冬。

4.防治妙招

（1）**清理虫苞** 被成虫咬断的果枝，落地后明显易见，应在6~7月在栗园捡拾，清理虫苞3~4次。清理时要做到细致彻底，捡后集中烧毁，不可随便丢弃处理。

（2）**深翻栗园** 秋冬季节深翻栗园土壤，清除杂草，有利于栗树的生长发育，并使幼虫遭受旱、冻而死，减轻翌年的为害。

（3）**药杀成虫**

① 烟雾熏杀 6月中旬~7月上旬成虫羽化盛期，在微风或无风的早晨和傍晚，用磷化铝烟雾剂在栗园点燃放烟，连放3次，保果率可达90%以上。

② 树冠喷药 6月中下旬可用25%亚胺硫磷乳油500~1000倍液，每隔10天喷1次，共喷2次。或在成虫羽化初期和盛期先后2次用75%辛硫磷1000~2000倍液喷洒，防治效果非常显著。在成虫期喷洒苏云金杆菌2次也可以明显减少栗苞被害。

二十三、栗皮夜蛾

属鳞翅目、夜蛾科，是为害板栗果实的主要害虫之一。

1.症状及快速鉴别

幼虫多从栗蓬刺缝隙和基部蛀入蓬内，蛀食栗蓬和栗实，将粪便排在蛀孔处的丝网上。被害栗蓬基本全被吃空，蓬刺变黄，干枯脱落（图3-57）。

图3-57 栗皮夜蛾为害症状

2.形态特征

（1）成虫 体长8～10毫米，翅展14～21毫米。体淡灰色，触角丝状，复眼黑色，前胸背、侧面及胸背面鳞片隆起。前翅淡灰褐色，外缘线与中横线间灰白色，其间近前缘处有1黑色半圆形大斑，近后缘处有黑色眼状斑，斑上有1弯曲似眉毛的短线，内横线为平行的黑色双线。后翅淡灰色（图3-58）。

（2）卵 半球形，平底，顶端有1圆形突起，周围有放射状隆起线。初产时乳白色，后变为橘黄色，孵化时变为灰白色。

（3）幼虫 初孵幼虫淡褐色，后变为褐色或绿褐色。前胸背板深褐色，中后胸背面有6个毛片，横向排成直线，中央2个毛片明显，呈矩形。腹部第1～7节背面有4个毛片排列成梯形。臀板深褐色（图3-58）。

（4）蛹 体形较粗短，节间多带白粉，背面深褐色，在黄褐色的丝茧中化蛹。茧白色，丝茧外附黄褐色茸毛。

图3-58 栗皮夜蛾成虫及幼虫

3.生活习性及发生规律

一年发生3代。以蛹在落地栗苞刺束间的茧内越冬。翌年5月上旬成虫开始羽化，5月中下旬出现第一代卵，5月下旬幼虫开始孵化，6月上旬为孵化盛期，6月中下旬为幼虫为害盛期，6月下旬开始化蛹，7月中旬为化蛹盛期。7月上旬开始成虫羽化并出现第二代卵，7月下旬达产卵盛期，7月中旬幼虫又开始孵化，7月下旬～8月上旬达为害盛期，8月中旬化蛹，8月下旬为化蛹盛期。9月上旬为成虫羽化盛期，并见到第三代幼虫，10月中旬～11月中旬陆续结茧化蛹越冬。

4.防治妙招

（1）彻底剪掉受害栗蓬，带出园外集中烧毁，减少虫源。

（2）刮树皮消灭越冬幼虫。清除栗园内枯枝落叶，砍除栗园周围的橡树，减少寄主。

（3）药剂防治。掌握在第1、2代卵孵化盛期，可喷施50%敌敌畏乳油1000～2000倍液，或90%晶体敌百虫1000倍液，或48%毒死蜱乳油1000～1500倍液，或20%氰戊菊酯乳油2000倍液。间隔10～15天喷1次，连喷2～3次，重点喷栗树中下部栗蓬，防治效果显著。

二十四、桃蛀螟

也叫蛀心虫、食心虫，属鳞翅目、螟蛾科，在北方板栗产区为害栗果严重。

1.症状及快速鉴别

为杂食性害虫，以幼虫为害栗果。幼虫可钻进多刺的栗蓬，还能蛀透板栗厚厚的外壳（图3-59）。进入7月后被桃蛀螟钻进果壳的栗蓬变灰，开始逐渐落果（图3-60）。

2.形态特征

（1）成虫　体长约10毫米，翅展25～28毫米。全身橙黄色，腹部背面和侧面有成排的黑斑。下唇须两侧黑色（图3-61）。

（2）幼虫　老熟幼虫体长18～25毫米，体色多变，有暗紫红色、淡褐色、浅灰色等（图3-61）。

3.生活习性及发生规律

一般一年发生3代，以老熟幼虫在堆果场、栗实仓库、向日葵遗株的花盘、玉米茎、麻茎、栗树皮裂缝或干栗苞等处越冬。成虫羽化后约在8月在总苞产卵。孵化后从总苞柄蛀入，常引起严重落果。

4.防治妙招

（1）改善栗园条件　清理栗园内或附近的栎类杂树。秋、冬季对栗园进行翻耕。

图3-59 二代桃蛀螟为害栗蓬症状

图3-60 三代桃蛀螟为害栗果症状

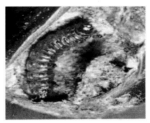

图3-61 桃蛀螟成虫及幼虫

（2）**选用抗虫品种** 选栽栗苞大、苞刺密而长、质地坚硬、苞壳厚的抗虫品种。

（3）**及时采收和脱粒** 栗果成熟后及时采收。栗蓬采收并堆积5～6天后，当栗苞大部分开裂幼虫尚未蛀入栗果时，应抓紧时间及时进行脱粒，可减少40%的虫果率。

（4）**拾净栗蓬** 彻底拾净栗蓬和虫果，及时烧掉栗蓬可杀死越冬幼虫，减轻翌年害虫为害。

（5）**诱杀害虫**

① 诱杀成虫 在栗园内适当位置设置黑光灯网点和性引诱剂诱

杀成虫，效果很好。

②诱杀越冬幼虫　8、9月栗果采收后，严格清除虫果，防止幼虫迁出蔓延。也可在栗园周围和稀植栗树下零星种植向日葵、玉米等桃蛀螟喜食作物，为其提供充足的食物，诱集桃蛀螟成虫产卵。翌年成虫羽化前将葵盘、玉米秸秆和栗空蓬等越冬寄主及时彻底烧毁处理，避免为桃蛀螟提供繁殖场所。冬季消灭仓库中的越冬幼虫。

（6）药剂防治　虫害发生严重的栗园，在7月下旬蛀果前可喷杀虫威800倍液，或水胺硫磷600倍液，或25%灭幼脲1500倍液，也可选择氯氰菊酯、溴氰菊酯等菊酯类速效农药。幼虫孵化期可喷80%敌敌畏1000倍液。在生长期8月上、中旬各喷1次25%溴氰菊酯2000倍液＋杀蛉脲2000倍液。在选择农药时应做到长效、速效相结合，一次用药彻底消灭害虫。

栗蓬采收后，桃蛀螟在栗蓬堆积期间大量蛀食栗果，尤其在堆温升高、蓬皮沤烂开裂时大量为害。应在栗蓬堆放开裂时用90%的晶体敌百虫加水1000倍液，均匀喷洒在栗蓬上，随喷随翻动，用药量为栗蓬重量的25%～30%，可减少80%的虫果率。或将栗蓬装入筐内，在盛药液的缸中浸一下再上堆，防治效果均很好。

提示　将害虫消灭在早期，栗果采收前10天及采收后贮藏期最好不要使用化学农药。

二十五、栗实蛾

也叫栗小卷蛾、栎实卷叶蛾，属鳞翅目、小卷叶蛾科。

1.症状及快速鉴别

幼虫取食栗蓬，稍大后蛀入果内为害。有的咬断果梗，导致栗蓬早期脱落（图3-62）。

2.形态特征

（1）成虫　虫体银灰色，前、后翅灰黑色。前翅前缘有向外斜伸的白色短纹，后缘中部有4条斜向顶角的波状白纹。后翅黄褐色，外

图3-62　栗实蛾为害症状

缘灰色。

（2）**卵**　扁圆形，略隆起，白色半透明。

（3）**幼虫**　体圆筒形，头黄褐色，前胸盾及臀板淡褐色，胴部暗褐至暗绿色，各节毛瘤色深，上生细毛（图3-63）。

（4）**蛹**　稍扁平，黄褐色。

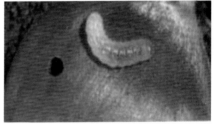

图3-63　栗实蛾幼虫

3.生活习性及发生规律

一年发生1代。以老熟幼虫在栗蓬或落叶杂草内结茧越冬。翌年6月化蛹，蛹期为13～16天。7月上旬成虫开始羽化，7月中旬为羽化盛期，成虫寿命7～14天，成虫白天静伏在叶背，傍晚交尾产卵。卵产于栗蓬附近的叶背面、果梗基部或蓬刺上，7月中旬为产卵盛期，7月下旬幼虫孵化。初龄幼虫蛀食栗蓬，此时尚未蛀入种仁。9月上旬幼虫大量蛀入栗实内，一般1个虫果内有1头幼虫。9月下旬～10月上中旬幼虫老熟后，将种皮咬成不规则孔脱出，落入地面落叶、杂草、残枝中结茧越冬。

4.防治妙招

（1）**选择抗虫品种**　一般栗苞大、苞刺密而长、质地坚硬、苞壳厚的品种比较抗虫，例如早丰等品种。

（2）**适时采收，清理栗园**　果实成熟后及时采收，拾净落地栗蓬。11月中旬至翌年4月上旬均可清理栗园内的落叶杂草，消灭越冬幼虫，这是防治栗实蛾的关键措施。

（3）**生物防治**

① 释放赤眼蜂　在7月份，每667平方米释放赤眼蜂30万头，设置8～10个放置点，可控制栗实蛾的为害。

② 栗园养鸡　一只成年鸡能控制667平方米栗园的虫害，鸡既食成虫，也食蛹、卵块等，不仅有效地控制了栗实蛾的发生，也可控制其他害虫的发生。

（4）**药剂防治**

① 树冠喷药　在7月中下旬，最晚不得迟于8月末，全树喷氯氰菊酯1500倍液，或水胺硫磷1000倍液＋氯氰菊酯1500倍液，防治效果好，有效率可达98%以上。

② 药剂熏蒸　将新采收的栗果放在密封条件下，用溴甲烷60克/立方米熏蒸4小时，或用二硫化碳30毫升/立方米处理20小时；或栗蓬用50%磷化铝片剂21克/立方米处理24小时；或栗果用50%磷化铝片剂18克/立方米处理24小时。以上方法对幼虫防治效果可达100%。

（5）**人工防治**　栗实贮存场所宜用水泥地或地面铺上篷布，收集幼虫，集中消灭。

二十六、栗瘿蜂

也叫栗瘤蜂，属膜翅目、瘿蜂科。

1.症状及快速鉴别

成虫将卵产在栗树芽内，被害芽春季长成瘤状虫瘿，瘿形较扁平，虫瘿颜色由绿色变成紫红色，到秋季变成枯黄色，每个虫瘿上留下1个或数个圆形的出蜂孔。自然干枯的虫瘿在1～2年内不脱落。在虫瘿形成的过程中消耗树体较多的养分，不能抽出新梢，叶片畸形，小枝枯死，影响当年及下一年的产量和栗果质量。栗树受害严重时虫瘿布满树梢，很少长出新梢，影响植株的正常生长和结果，甚至不能结实，树势逐渐衰弱，枝条枯死。为害严重的可导致板栗整株或成片死亡。

形成的栗瘿可分为3种类型（图3-64）：

（1）叶瘿型　在叶片主脉上或叶柄基部形成虫瘿。

（2）枝瘿型　在当年生新梢的顶端或下方枝条上着生虫瘿。

（3）芽瘿型　被害芽萌发后不抽出枝条，直接长出虫瘿。

图3-64　栗瘿蜂为害症状

2.形态特征

（1）成虫　头部和腹部黑褐色，具光泽，头横阔与胸腹等宽。触角丝状褐色，14节，每节着生稀疏细毛。柄节、梗节较粗，第3节较细，其余各节粗细相似。胸部膨大，漆黑色，光滑，中胸背板侧缘略具饰边，背面近中央有2条对称的弧形沟。小盾片近圆形向上隆起，表面有不规则刻点并被疏毛。

（2）卵　卵椭圆形，乳白色，表面光滑。

（3）幼虫　在芽内生长、越冬。老熟幼虫体乳白色，近老熟时为黄白色（图3-65）。

（4）蛹　体较圆钝，胸部背面圆形突出，初化的蛹乳白色，近羽化时全体黑褐色。

3.生活习性及发生规律

一年发生1代。以低龄幼虫在板栗被害芽原基组织内越冬。翌年

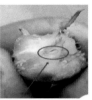

图3-65　栗瘿蜂成虫、卵及幼虫

4月上旬栗芽萌动时，越冬幼虫开始活动，再次发生为害。被害处逐渐肿大为瓢形、扁粒状的虫瘿，后在板栗枝条叶柄和叶脉内化蛹形成瘤状物。5月份幼虫老熟化蛹，6月中旬～7月上旬成虫羽化。羽化后约经15天咬1孔从瘿内钻出开始产卵。6～7月间产卵在饱满芽内，一只雌虫可产12～25粒。卵孵化后又继续为害栗树。幼虫孵出后在芽内为害，在被害处形成椭圆形小室并在内越冬。

管理粗放的栗园，地势低洼、背风向阳的栗园，受虫害较重。

4.防治妙招

（1）加强综合管理　推广栗树连年修剪，精细修剪，合理修剪，使树体通风透光。重剪被害严重的树，剪除纤弱枝促生强枝。冬季进行灭虫，结合板栗树修剪将树冠中下部被害的小枝及病虫枝剪下。高大的板栗树可用高枝剪将虫瘿枝剪下，带出园外集中烧毁，消灭越冬幼虫，减轻栗瘿蜂的为害。

（2）药剂防治　喷杀刚出蛰的成虫。由于栗瘿蜂的卵产在芽内，幼虫及蛹生活在瘿瘤中，只有成虫在外活动，以上午8～12时最多。所以，只有在成虫期喷药才对害虫有效。

栗瘿蜂成虫抗药力差，对拟除虫菊酯类农药十分敏感。根据晴朗无风出蜂多、活动弱的特点，在成虫羽化脱瘿前（6月下旬～7月）及时喷药。可喷50%的辛硫磷乳油1000～2000倍液，或90%敌百虫600～800倍液，或80%敌敌畏乳油800～1000倍液，或25%喹硫磷乳油1500～2000倍液，或50%马拉硫磷乳油1000～2000倍液，或20%氰戊菊酯乳油1000～2000倍液。间隔10～15天喷1次，连喷2～3次，防治效果较好，杀虫效果可达97%以上。

7月间，在栗瘿蜂羽化盛期施放烟雾剂，具有非常强的灭杀害虫效果。

（3）**枝干涂药**　4月中下旬栗芽发红膨大而未开绽时，对栗树枝干选粗约10厘米的枝干，刮去长30厘米半圆环上的木栓层，涂刷80%敌敌畏10倍液约10毫升。

（4）**选择抗虫品种**　选择抗虫能力强的品种可从根本上解决害虫为害。

（5）**发现虫瘿，及时剪除**　5月底以前彻底摘除当年新生虫瘿，消灭越冬幼虫。

（6）**保护天敌**　栗瘿蜂的天敌主要是跳小蜂等寄生蜂，利用天敌防治害虫。冬季结合修剪，除去虫瘿枝条，并将剪下的枝条笼罩放置栗园内，待寄生蜂羽化后，再将栗瘿蜂的病瘤枝拿出栗园集中烧毁。

提示　一般4~5月是寄生蜂的活动盛期，此期切忌在板栗树上喷药，以保护寄生蜂。

二十七、栗绛蚧

栗绛蚧也叫板栗球坚蚧、华栗绛蚧，属同翅目、蚧科。主要为害板栗和多种壳斗科林木。在板栗产区广泛分布，长江下游发生极多，太湖沿岸个别地区受害虫为害引起板栗树大量死亡。

1.症状及快速鉴别

以若虫和雌成虫群集在板栗一年生枝条上刺吸汁液为害，被害枝易干枯死亡，导致树体衰弱，栗树延迟萌芽和长叶，生长结果不良，导致减产，甚至造成枝干和整株树枯死（图3-66）。

图3-66　栗绛蚧为害症状

2.形态特征

（1）**成虫** 雌雄异型。雌成虫介壳球形，直径5.0~6.8毫米，初期为嫩绿色至黄绿色，稍扁，体壁软而脆，腹末有一小水珠，称为"吊珠"；雄虫有翅（图3-67）。

图3-67　栗绛蚧雌、雄成虫

（2）**卵** 长椭圆形，长约0.2毫米。初期乳白色或无色透明，孵化前变为紫红色。

（3）**若虫** 初孵若虫长椭圆形，体长0.3毫米，淡肉黄色。触角丝状，尾毛1对，两尾毛间有4根臀刺。1龄若虫体呈黄棕色。2龄若虫体呈椭圆形，体长0.54毫米，肉红色，体背常黏附有1龄若虫的虫蜕。

（4）**蛹** 仅雄虫有蛹，为离蛹。长椭圆形，黄褐色。茧为扁椭圆形，长约1.65毫米，白色丝质。

3.生活习性及发生规律

一年发生1代。以2龄若虫在树枝的裂缝、芽痕等隐蔽处越冬。翌年3月上旬当日平均气温达10℃以上时，越冬2龄若虫恢复取食。3月中旬以后部分若虫蜕皮变为雌成虫继续取食为害，是主要的为害期。雌成虫在4月上中旬体积增大较快。卵在母蚧体内孵化。5月中旬~6月上旬日平均气温约26℃，天气晴朗时初孵若虫陆续从母蚧体内爬出并扩散，母蚧腹面留下大量的白色碎屑状卵壳。

4.防治妙招

（1）在3~4月重剪有虫的枝条。同时加强肥水管理，促发新芽。

（2）3月中下旬可用80%敌敌畏10倍液＋5倍柴油，涂刷离地面50厘米高处的树干。操作时先刮除老皮，呈20厘米宽环状带，涂药后用塑料薄膜包扎。

（3）5月初可在果园随机选取10个有虫枝条，放入玻璃试管内塞上棉花，置于室内阴凉处，每天观察若虫孵化情况，再结合林间观察，以确定林间若虫孵化盛期用药。一般在5月中下旬喷药防治效果最好。如果虫口密度大6月上旬再喷1次。可用40%速扑杀乳油1000～1500倍液，或35%快克乳油800倍液，或20%水胺硫磷乳油800倍液，或40%杀扑磷乳油1000倍液，或松碱合剂16～20倍液，或茶饼松碱合剂16～20倍液等药剂，均有较好的防治效果。

二十八、双黑绛蚧

是板栗上的一种间歇性害虫，严重时1～2年生枝条上虫量多达几百头。一旦暴发，即可成灾。

1.症状及快速鉴别

主要以膨大的若蚧吸取板栗树枝条汁液为害，受害栗树轻的减产，灾后2～3年才能恢复板栗原来的产量。严重时可造成树体死亡（图3-68）。

2.形态特征

（1）成虫　雌成虫直径3.4～5.8毫米，肾形，一般宽大于长，初期为嫩绿色至黄绿色，背面稍扁，体壁软而脆，腹末有一小水珠，称为"吊珠"，至体内卵成熟时小水珠消失。后期体壁硬化呈黑褐色，体表光滑无明显横条纹，体背密布粗短刚毛，生殖孔上方腺孔呈同心圆状排列较密，其中有4列腺孔明显凹陷扇形排列，中间两列腺孔呈"V"形深深凹陷。体背密布粗短刚毛，基部一侧附有数条白色蜡丝（图3-69）。

图3-68　双黑绛蚧为害症状

图3-69　双黑绛蚧成虫

（2）**若虫** 初孵1龄若虫胡萝卜形，体长0.5~0.6毫米，尾须2根，较短，缘毛稀疏，口针由3根单针组成，长度约是体长的1.5倍，淡黄色。越冬2龄若虫为紫色，后期变为褐色，体背常黏附有1龄若虫的蜕皮壳。尾须2根为白色细长的蜡丝，后期脱落只留痕迹。

3.生活习性及发生规律

一年发生1代。4月下旬~5月中旬为雌成蚧卵孵化期，少量初孵若虫向上爬行，通过两株树外围重叠枝条向相邻栗树传播扩散，大部分若虫在1~3年生枝条、枝干、主干的皮缝、树枝背阴处、伤疤、树丫、膏药病病斑等处固定。1龄若虫固定后约15天若虫前端体躯两侧分泌白色蜡粉。再过约20天若虫分泌蜡丝形成1层薄茧越夏。1个月后蜕皮变为2龄若虫。11月中下旬随着栗树落叶，大部分若虫回迁到1~2年生枝条基部及芽内侧越冬。翌年3月中旬若虫开始膨大为害，为害期从3月中旬~4月中旬，为害盛期为3月下旬。雌若虫于4月上旬开始发育成雌成蚧，卵原基开始形成，在显微镜下可以看到这一过程，在1个雌蚧的体内最早形成成熟的卵与最迟形成成熟的卵相差10~15天。雌蚧4月下旬卵开始孵化，至5月中旬止，1头雌蚧孕卵量约2000粒。雄蛹羽化期在3月下旬~4月中旬。

4.防治妙招

（1）**加强植物检疫** 双黑绒蚧的远距离传播主要靠接穗传播，对接穗应采取严格的检疫措施，不采用携带有双黑绒蚧的接穗，防止传播蔓延。确实要从外地调入接穗，必须对外调接穗进行封蜡，接穗封蜡是控制双黑绒蚧传播的经济、有效手段之一。

（2）**保护和利用天敌** 调查发现，天敌当年寄生和捕食率超过90%时翌年双黑绒蚧发生及为害急剧下降，可达到防治指标以下。因此，天敌是防治双黑绒蚧的重要一环。当枝条1~2年生虫口低于5头时对产量影响较小可以不防治，也有利于保护天敌。

（3）**药剂防治** 当双黑绒蚧偏重发生和大发生时，抓住3月15~30日越冬若虫膨大期这一最佳时机，选择对人和环境都比较安全的高效、低毒和低残留农药，重点喷在1~2年生枝条背面上，以获得较理想的除治效果。此时正好避开了寄生蜂羽化高峰期和黑缘红瓢虫卵孵化期，避免大量杀伤天敌。可用10%高渗吡虫啉可湿性粉剂加少量的菊酯类农药，防治效果较好，是目前较为理想的农药配方。

二十九、板栗透翅蛾

也叫板栗赤腰透翅蛾、栗透羽，俗称串皮虫；成虫很像黄蜂，又称为串皮蜂，属鳞翅目、透翅蛾科，是为害板栗枝干的重要害虫。

1.症状及快速鉴别

主要是幼虫期为害栗树，大部分幼虫一生只为害枝干韧皮部和形成层，极少数幼虫轻度啃食木质部。幼虫多数纵向钻蛀为害，在嫁接伤口处多为横向蛀食。一般主干下部受害较重，被害部位臃肿膨大，呈肿瘤状隆起，皮层翘裂，并有丝网粘连虫粪附在其上。被害处呈黄褐色，原蛀道为黑褐色，新梢提早停止生长，叶片枯黄早落，部分大枝枯死。严重时幼虫横向蛀食、串食，环绕树干或主枝一周，在皮层与木质部之间形成1～3厘米宽的虫道，影响树体养分的输送，造成虫枝枯死或者全株死亡。也可以将卵产在嫁接口，使幼虫在嫁接部位活动取食，造成嫁接口处隆起，接穗以上部分愈合不良，导致死亡（图3-70，图3-71）。

2.形态特征

（1）成虫　成虫与黄蜂非常相似，触角两端尖细，棍棒状，基半部橘黄色，端半部赤褐色，稍向外弯曲，顶端有1束由长短不等的黑褐色细毛组成的笔形毛束。雌虫虫体一般比雄虫大。雌虫体长14～21毫米，翅展37～42毫米。腹部各节橘黄色或赤黄色，翅透明，翅脉及缘毛为茶褐色或黑褐色。足黄褐色，后足胫节赤褐色，毛丛尤其发达。雄虫体长13～19毫米，色泽较为鲜艳，尾部有红褐色毛丛（图3-72）。

（2）卵　椭圆形，一头较齐，长0.8～0.9毫米。初产时为枣红色或浅褐色，后逐渐变为赤褐色，无光泽，一端稍平。质硬，以顶端或一侧附于树皮上。

（3）幼虫。初孵幼虫和越冬幼虫乳白色，半透明。低龄幼虫淡黄色，有时微带红色，常随取食部位的颜色而变暗。老熟幼虫体长

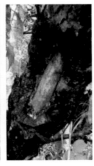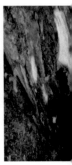

图3-70　板栗透翅蛾幼虫为害大枝干

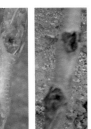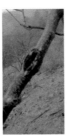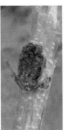

图3-71　板栗透翅蛾幼虫为害小枝

26～42毫米，污白色，化蛹前为黄色（图3-72）。

（4）蛹　体长14～20毫米，体形细长。初为黄褐色，后渐变为深褐色，羽化前呈棕黑色。

（5）茧　椭圆形，长20～28毫米，褐色。壁厚实，表面连缀木屑和粪便。

图3-72　板栗透翅蛾成虫及幼虫

3.生活习性及发生规律

一年发生1代，少数两年完成1代。多以2龄（山东）幼虫或少数3龄以上（南京）幼虫在受害树枝老树皮缝内及木质层下为害处越冬。翌年2月底～3月初开始出蛰，3月下旬越冬幼虫全部出蛰活动，4～6月向外排粪最多，6～7月在树皮下潜食范围逐渐扩大，用排泄物填充旧的取食区域，一般不向外排。1头幼虫潜食的树皮上可见到分布均匀的4～5个排气孔，并流出红褐色液体。7月中旬老熟幼虫在附近的树皮表面处筑室作茧开始老熟化蛹，8月上、中旬为盛期，末期在9月上旬。成虫在8月中旬开始羽化，8月下旬～9月上旬为盛期，9月下旬为末期，也是成虫产卵盛期。卵出现于8月中旬～9月底，8月下旬～10月中旬为孵化期，老熟幼虫在10月上旬～11月下旬开始越冬。

4.防治妙招

（1）加强检疫　对于引进或输出的板栗苗木和枝条要严格检疫，把好挖苗、剪穗、过数和苗木调入后剪条、栽苗等关，及时剪除虫害枝条，以防止传播。

（2）农业防治　选育抗虫品种。加强栗园土肥水管理，增强树势。适时中耕，彻底清除果园内杂树、灌木及杂草。科学施肥，注意灌水和排水。及时防治枝干病害和其他病虫害，尤其是栗疫病。避免机械损伤，对于嫁接伤口和其他机械伤口要注意及时包扎保护使其早日愈合。伤口愈合后及时解除包扎物，树体出现伤口可涂抹栗虫净200倍液或敌敌畏200倍液。防止成虫产卵，减少透翅蛾的为害。采收栗果时不要损伤树皮。结合冬季整形修剪剪除虫害枝并集中烧毁，这样可以有效预防和减少翌年的虫害发生。

（3）人工防治

① 捕蛾　成虫羽化比较集中并常在树干上静止或爬行，可人工捕杀。

② 铲除虫疤　早春3月结合修剪铲除虫疤，冻死或杀死露出的幼虫。

③ 刮除虫疤周围的翘皮、老皮　刮下后集中带出栗园外烧毁，消灭幼虫。

（4）化学防治　成虫羽化盛期全栗园喷洒80%敌敌畏乳油2000倍液，或2.5%氯氰菊酯4000倍液毒杀成虫。幼虫孵化盛期在树干下部，每隔7天喷洒1次敌敌畏，共喷2～3次，可控制虫害。

① 药剂涂刷　用药剂涂刷被害处毒杀越冬后的幼虫。幼虫越冬前可用敌敌畏＋煤油1∶6倍液（或与柴油1∶20倍液）涂刷虫斑或全面涂刷树干。在3～4月越冬幼虫刚出蛰开始活动时，按照1～1.5千克煤油＋25%吡虫啉可湿性粉剂100克（或40%乐斯本乳油50克，或80%敌敌畏乳油50克），按照比例配置药剂。将配制的药剂拌匀后，涂刷在枝干表皮失去光泽、水肿、流液、有腐臭味等被虫害处，或在被害处1～2厘米范围内涂刷一环状药带。

板栗嫁接后接口处是栗透翅蛾成虫产卵的主要场所。因此，在嫁接时塑料条应绑缚紧密，不要留空隙。卵孵化后幼虫咬透塑料绑扎物，在砧木与接穗愈合口处为害，常造成新梢死亡。在松解绑扎物时发现有虫为害，在嫁接口可用内吸农药25%吡虫啉可湿性粉剂100克（或40%乐斯本乳油50克）＋柴油等混合药剂涂抹，可起到杀虫效果，防治效果可达到100%。

图3-73　嫁接处涂浆糊防病虫为害

② 涂药浆糊　一般在4月底～5月初板栗嫁接时，用面粉熬成稀糨糊放在容器中，向内加入高效氯氰菊酯或速灭杀丁药剂搅拌均匀。用刷子将药浆糊刷在嫁接缠裹的塑料条外面，或砧木直径3厘米以上的锯口，可对害虫起到趋避的作用，避免板栗透翅蛾等害虫产卵为害，防治效果很好（图3-73）。

③ 涂愈合剂　板栗大树嫁接改造会造成大量的伤口，为了防止伤口被病菌感染，尽早愈合，需要在较大的剪锯口伤口上涂愈合剂对剪、锯口进行保护，方法简单操作方便，一涂了之。一般在1年之内伤口就能够很好地愈合（图3-74）。

（5）**刮皮树干涂白**　在秋、冬季进行刮老皮，再在树干上涂刷白涂剂，可以防治越冬幼虫，还可以防止产生冻害。板栗透翅蛾以2龄幼虫在受害处的皮下越冬，11月入冬后对板栗树枝、干粗皮和被害处进行刮除老皮，然后进行涂白，尤其是被害处要重刮皮重涂药。对刮

图3-74 伤口涂愈合剂快速愈合

下的树皮要收集起来集中烧毁。在成虫产卵前（8月前）树干涂白可以阻止成虫产卵，对控制为害可起到一定的作用。

（6）**生物防治** 保护和利用天敌。在5月下旬天敌羽化期不要使用农药。

（7）**诱杀** 应用透翅蛾性信息素设饵的诱捕器诱捕成虫，近几年已在栗园大面积推广应用，防治效果很好。

三十、天牛类

属鞘翅目、天牛科，是一种毁灭性蛀干害虫，可为害多种果树和林木。

1.症状及快速鉴别

主要以幼虫蛀食板栗枝、干的木质部和髓部，造成木质的纵横隧道，影响水分和养分的输导。受害轻时树势衰弱，枝干遇风易折断；严重时可造成枝干枯死，甚至整树死亡（图3-75）。

2.形态特征

（1）**成虫** 体长57～97毫米，黑褐或灰褐色。触角鞭状比体长。前胸背板有1对肾形白斑，两侧各有1个大刺突（图3-76）。

（2）**卵** 长椭圆形，长8～10毫米。淡土黄色，弯曲略扁，壳硬光滑。

图3-75　天牛为害枝干症状

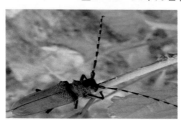

图3-76　天牛成虫

（3）幼虫　长74～100毫米，黄白色，头扁平，前胸背面有橙黄色半月牙形斑块（图3-77）。

图3-77　天牛幼虫

3.生活习性及发生规律

一般2～3年发生1代。成虫多在6～8月间出现，但以6月下旬～7月集中发生较多。成虫出现后先啃食树皮，然后在其中产卵。卵期7～10天即开始孵化幼虫。

4.防治妙招

（1）人工防治

① 人工振树，捕杀成虫　7～8月成虫产卵前，在成虫发生期利

用其活动性弱和假死性的特点，白天振动枝干使成虫受惊落地，再捕杀成虫。

②诱杀　利用成虫的趋光性和假死性，晚上用黑光灯引诱进行捕杀。

③灭卵和捕杀幼虫　成虫产卵有明显的标志（川形刻槽），在成虫产卵盛期检查产卵伤口和刻槽，用刀挖卵或用木锤等硬器敲击（击打）灭卵，可砸死卵或初孵幼虫（图3-78）。

对于已经蛀入的天牛小幼虫，在蛀食期时常年注意检查，一旦发现树干上有新鲜虫粪，先清除虫孔，用刀挖出或划刺树皮内的小幼虫。大幼虫为害期根据排粪孔，先清除虫孔，用钢丝钩插入虫孔将幼虫钩出戳死，杀死已蛀入树干的幼虫（图3-79～图3-81）。或用敌百虫80～100倍液注入虫孔，并用黏泥封堵虫孔，通过熏蒸可杀死幼虫。

图3-78　产卵痕

图3-79　排粪孔

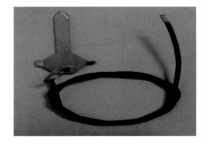

图3-80　钢丝钩

图3-81　钩杀蛀干天牛的幼虫

（2）树干涂白　在冬季或5～6月成虫产卵初期或产卵后，用石灰5千克、硫黄0.5千克、食盐0.25千克、水20千克，充分拌和后涂刷树干基部，既能阻止成虫产卵又可杀死幼虫。

（3）**喷药防治**　7～8月间每隔10～15天在各产卵刻槽上喷80%敌敌畏1000～2000倍液毒杀卵及初孵幼虫，或用40%杀虫净乳剂500～1000倍液，或速灭杀丁2000～3000倍液，喷雾防治成虫，防治效果可达80%以上。

（4）**注射药物（毒签、塞药棉或海绵块、熏蒸等）**　发现排粪新鲜的虫孔后找到最后1孔，清除排泄孔中的虫粪、木屑，然后注射药液。可用菊酯类100倍液，有机磷类30倍液，药液量为10～20毫升；也可用80%敌敌畏乳油100倍液，50%辛硫磷乳剂200倍液；注射后流出药液时，用湿黏土封口或堵塞药泥即可（图3-82）。也可用药棉球蘸80%敌敌畏40倍液做好毒签，塞住虫孔封好口，熏蒸毒杀幼虫（图3-83）。

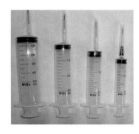　

图3-82　注射器注入药剂　　　图3-83　塞药棉

（5）**保护天敌**　大斑啄木鸟是蛀干害虫天牛的主要天敌，1只成年啄木鸟1天可以吃掉约50只天牛的幼虫，1对成年啄木鸟可以保护约7公顷的林木（图3-84）。

图3-84　啄木鸟

三十一、板栗大青叶蝉

也叫青叶蝉、青跳蝉、青叶跳蝉、大绿浮尘子、青头虫等,属同翅目、叶蝉科。

1.症状及快速鉴别

成虫和若虫为害叶片刺吸汁液,造成板栗叶片褪色、畸形、卷缩,甚至全叶枯死。此外还可传播病毒病。在板栗上主要是成虫产卵时对树体枝条造成伤害,引起受害的枝条冬季冻害或抽条(图3-85)。

图3-85 板栗大青叶蝉为害症状

2.形态特征

(1)成虫 雌虫体长9.4~10.1毫米,头宽2.4~2.7毫米。雄虫体长7.2~8.3毫米,头宽2.3~2.5毫米(图3-86)。

图3-86 大青叶蝉成虫

(2)卵 长1.6毫米,宽0.4毫米。白色微黄,长卵圆形。中间微弯曲,一端稍细,表面光滑。

(3)若虫 初孵化时为白色,微带黄绿,2~6小时后体色渐变为淡黄、浅灰或灰黑色。头大腹小,复眼红色。3龄后出现翅芽。老熟若虫体长6~7毫米。

3.生活习性及发生规律

大青叶蝉一年发生的世代有差异。吉林、甘肃、新疆、内蒙古一年发生2代，各代发生期为4月下旬～7月中旬、6月中旬～11月上旬。河北以南各省份一年发生3代，各代发生期为4月上旬～7月上旬、6月上旬～8月中旬、7月中旬～11月中旬。江西等地一年可发生5代。以卵在嫩枝和干部皮层内越冬。若虫近孵化时卵的顶端常露在产卵痕外。孵化时间均在早晨，以7:30～8:00为孵化高峰。越冬卵的孵化与温度关系密切，孵化较早的卵块多在树干的东南方向。若虫孵化后大约经1小时开始取食，1天后跳跃能力逐渐增强。初孵若虫常喜群聚取食。在寄主叶面或嫩茎上常见10多头或20多头若虫群聚为害。偶然受惊后便斜行或横行，由叶面向叶背逃避，如果惊动太大便跳跃而逃。一般早晨气温较低或潮湿时不活跃，午前到黄昏较为活跃。若虫爬行一般均由下往上多沿树木枝干上行，极少下行。若虫孵出3天后大多由原来产卵的寄主植物移到矮小的寄主如禾本科农作物上为害。第一代若虫期平均43.9天，第二、三代若虫期平均24天。

4.防治妙招

（1）在大青叶蝉成虫期利用灯光诱杀，可以大量消灭成虫。

（2）成虫早晨不活跃，可以在露水未干时进行网捕。

（3）在9月底～10月初收获作物时或大约在10月中旬雌成虫转移至树木产卵，以及4月中旬越冬卵孵化幼龄若虫转移到矮小作物上时虫口比较集中。可用90%晶体敌百虫800～1000倍液，或80%敌敌畏乳油1000～2000倍液，或50%辛硫磷乳油1000倍液等药剂喷雾防治。

第四章

板栗病虫害无公害综合防治

板栗病虫害综合防治时，应本着"预防为主，综合防治"的原则，不要面面俱到，要克服盲目用药、见病虫就治的错误做法。要重点防治板栗疫病、炭疽病、内腐病等病害，以及栗瘿蜂、板栗透翅蛾、天牛等枝干类害虫，栗大蚜、栗红蜘蛛、刺蛾等食叶类害虫，桃蛀螟、栗实象鼻虫等蛀果类害虫。

在使用化学农药时，在认真搞好病虫情况调查的基础上做到适时、适药、适量、适位的生态选择，做到一药多用，交替使用。防治板栗病虫害可应用植物检疫、农业防治、物理防治、生物防治和化学药剂防治等综合防治的方法，用最小的投入发挥最大的经济效益，起到事半功倍的最佳效果。

一、植物检疫

是国家有关职能部门通过法律形式来控制有害生物传播蔓延的防治措施。具体的体现形式是在调运种子、苗木、接穗、果品及其包装材料时，严格检查其中的危险性病虫种类，防止这些病虫通过上述媒介传播到新区。

植物检疫的对象在不同的地区有所不同。对一些重要的检疫害虫，各国都有明文规定。在国内的各省、自治区间又有各自的检疫对象。就板栗病虫害而言，栗实象早就是美国明令禁止输入的害虫。就植物检疫的狭义来讲，在板栗发展新区一些危险性病虫或当地尚未发现的病虫，也应该属于当地检疫的对象。

严格植物检疫制度，加强检疫防止带病苗木或接穗进入无病区。

在我国尽管有些主要病虫害分布范围较广，但在一些新区如果能坚持严格的检疫制度，有许多病虫就不会发生。特别要禁止栗胴枯病、栗瘿蜂、栗实象等检疫性病虫害的传入，一经发现立即销毁。最明显的害虫栗瘿蜂寄主范围很窄，只有板栗是其唯一的寄主，如果在引进板栗苗木或接穗时严格检查是否带有这种害虫，发现后立即消灭，这种害虫就不会进行远距离传播。最容易随着苗木或接穗传播的害虫介壳虫寄生在枝条上，有的种类小肉眼不易发现，很容易随着苗木或接穗的远距离运输传播到新区，这是此类害虫分布较广的主要原因。所以，在新发展的板栗园，对苗木或接穗要严格检查，一旦发现有严重为害的病虫，对苗木要做适当的处理，或停止从疫区调运苗木。为防止病虫传入，在栽树前也应对苗木进行适当的药剂处理。

因引种需要必须从疫区调运苗木或接穗，除严格检疫外，在萌芽前要喷洒药剂杀灭病虫害后再进行栽植。例如栗胴枯病，在引种时不可避免地会从疫区调来的各类材料上发现栗胴枯病病原，因此要用5毫升/升福尔马林溶液浸30分钟，或50克/升氯酸钠溶液浸5分钟处理后再放行，并且要督促引种单位在引入材料萌芽前必须对其喷洒3～5波美度的石硫合剂，或1:1:160倍的等量式波尔多液，或其他杀菌剂进行杀菌消毒。

二、农业防治

通过人工防治和生态调控的方法，减少病虫原，控制为害。

（1）根据板栗生态区划指标，在最适宜区和适宜区选择抗病性较强的优良品种，选用抗病砧木。

（2）采用栗园间作和生草耕作制度，改善栗园的生态环境。同时加强栽培管理，搞好栗园深翻改土，消灭在土中越冬的幼虫，清除栗园中的栎类植物，可减轻栗实象的发生；经常刨树盘，增施有机肥，可增强树势，能提高树体自身的抗病虫能力。通过栗园复垦、合理修剪，使树体通风透光。清园可减少病虫源，破坏害虫越冬场所，减轻病虫害为害。板栗采收后及时消灭栗实象甲、桃蛀螟等脱果幼虫。

（3）在板栗嫁接和修剪上，尽量减少和保护伤口。伤口要涂波尔多液或愈合剂进行保护。最好在晴天进行嫁接和修剪作业，防止病菌感染。

（4）4月栗树展叶抽梢时，如出现瘿瘤随时摘除，可减轻当年和下一年栗瘿蜂为害。拾除掉落于地表的栗蓬并集中烧毁，从7月中旬起隔10~15天拾除1次，直到板栗采收结束，可减少虫源，减轻下一年的虫害。

（5）冬季刮除有虫卵越冬的树皮，早春3月人工刮除栗大蚜卵块、栗绛蚧雌母蚧。冬季、夏季用石硫合剂、石灰等进行树干涂白。生长季节在栗园内经常检查，对小枝上发现的病斑要将小枝剪除、烧掉，主干、大枝上发现的病斑应刮除，用刮刀将病斑及其周围约0.5厘米的健康组织也刮去一部分，边缘要平滑并呈圆弧形，刮净病部组织后再涂杀菌剂。可选用5波美度的石硫合剂、843康复剂，或福涂、斯米康、甲硫萘乙酸等杀菌剂。

三、物理防治

通过诱杀、冬季清园、人工捕捉等方法，减少病虫源。

（1）**灯光诱杀**　金龟子、桃蛀螟、天牛有较强的趋光性，可用黑光灯或普通照明灯诱杀。灯光设置在离栗园50~100米的村庄前、屋后或路边的山坡上，开灯时间晚上8：00~10：00，诱杀期在4月上旬~5月中旬。每2公顷栗园设置1个频振式黑光灯，可诱杀栗皮夜蛾、板栗透翅蛾、桃蛀螟、金龟子、卷叶蛾等趋光性害虫的成虫，诱杀效果优于农药防治。

（2）**黄板色彩诱杀**　在生长季节，可用黄板涂黏虫胶诱杀蚜虫。

（3）**糖醋液诱杀**　将罐里的水添加红糖、酒、醋及农药，将罐挂在板栗树上，可诱杀栗皮夜蛾、桃蛀螟、卷叶蛾等对糖、酒、醋液有趋性的成虫。

（4）**草把诱杀**　秋季当二斑叶螨等越冬雌成螨出现时，在板栗树主干和主枝下绑草把，将越冬雌成螨诱集到草把中。入冬后将草把解下烧毁，杀灭害虫。

（5）**作物诱杀**　在栗园周围零星种植向日葵、玉米等作物，诱集桃蛀螟成虫产卵，然后再将葵盘和秸秆烧毁。也可在树下间作禾谷类或牧草驱避红蜘蛛。种植菠菜或草木樨等诱集蚜虫、金龟子等，再集中喷药消灭害虫。

（6）**冬季清园**　入冬后进行翻土、刮树皮、修剪等全园清理，减少病虫源。例如，剪除栗瘿蜂虫瘿周围的无效枝，尤其是树冠中部的无效枝，能消灭其中的幼虫。拾取落地的虫果，剪除虫害枝，并带出园外集中烧毁或深埋。

（7）**人工捕捉害虫**　对一些虫体较大易于辨认的害虫（如天牛）可进行人工捕捉。在栗瘿蜂新虫瘿形成期及时摘除虫瘿，摘除时间越早越好，摘除的虫瘿集中用药剂处理或用水煮、烧毁等方式处理。在早春3月进行人工刮除栗大蚜卵块、栗绛蚧雌母蚧等。利用成虫的假死习性，在成虫发生期振摇栗树，虫落地后进行捕杀，例如栗实象、金龟子成虫期可在傍晚人工振落捕杀。田间挖杀板栗透翅蛾幼虫，经常检查树体如发现枝干上有隆肿鼓疤时，用利刀挖除受害组织杀死幼虫，并涂上保护剂保护伤口。

四、生物防治

是利用有益生物防治有害生物的方法，在今后的害虫综合防治中占有非常重要的地位。在自然界中，每一种害虫都有制约其种群发展的天敌，否则这种害虫的种群就会变得非常庞大。这些天敌主要包括病原微生物（病毒、细菌、真菌等）、昆虫（捕食性及寄生性昆虫等）和脊椎动物。其中昆虫是控制害虫最常利用的天敌。

天敌对板栗害虫具有明显的抑制作用，当害虫未达到防治指标时不必用化学药剂防治，完全可以由害虫的天敌来自然控制其虫口数量，能够有效抑制害虫的发生和蔓延，避免害虫扩大暴发成灾。

（1）**利用天敌**　自然界中天敌对抑制害虫的种群发展起着决定性作用。天敌种群的发展依赖于害虫种群的发展，尤其对一些专性寄生天敌，依赖性更强。例如中华长尾小蜂，只有在栗瘿蜂大流行年份其种群数量才会明显增加。当天敌的种群数量达到最大时栗瘿蜂幼虫被寄生率达到高峰，其为害就得到明显的控制。由于栗瘿蜂大量减少，中华长尾小蜂因找不到寄主也就自然削减，甚至找不到它的踪影。事实表明，天敌常常在害虫大发生后一蹶不振，数年不起。

例如，黑土蜂可控制金龟子，用西方盲走螨、草蛉防治针叶小爪螨、栗大蚜，用黑缘红瓢虫防治二斑叶螨、栗绛蚧，抑制草履蚧和吹绵蚧发生的天敌有澳洲瓢虫、大红瓢虫和黑缘红瓢虫，还有一些瓢虫是捕食栗大蚜的主要天敌，用中华长尾小蜂、长尾跳小蜂等寄生蜂可防治栗瘿蜂等。

鸟类是栗园的卫士，许多鸟是害虫的有力杀手，特别对体型较大的害虫，如舞毒蛾、天蛾等起着重要的抑制作用。

微生物在害虫综合防治中有其独特的作用。微生物本身可以较长期地在自然环境中生存，并借助风、雨、寄主天敌等多种因素进行传播，从而扩大再感染，起着调节害虫种群数量的作用。

（2）保护和招引天敌　即保护栗园原有的天敌和从外地引入某些天敌。

① 保护栗园原有的天敌　保护栗园中原有的天敌免受不良因素的影响，使它们保持一定的数量，可有效地抑制害虫的发生。例如不要将剪下的带有寄生介壳虫、栗瘿蜂的枝条清出栗园，待天敌羽化后能够重新寄生。

合理使用化学农药是保护天敌的有效措施，防治中应尽可能采用农业、生物以及物理的防治措施。化学防治往往具有双重性，在治虫的同时杀死大量天敌。在采用化学防治时应充分考虑防治害虫和保护天敌。

② 补充栗园天敌　通常用人工繁殖大量天敌昆虫，然后散放到栗园中，用来消灭害虫，此法适用于本地原有的和引进的天敌昆虫。我国人工繁殖天敌应用于生产的很多。利用最广的为松毛虫赤眼蜂、平腹小蜂、金小蜂、七星瓢虫和中华长尾小蜂，都收到了较好的防治效果。澳洲瓢虫的成功引进已使南方的吹绵蚧陆续被消灭。

③ 鸟类的招引和利用　招引益鸟是防治害虫、保护生态平衡的有效措施。实践证明，以鸟治虫，简单易行，保护生态，天敌立功。利用鸟类防治害虫，达到有虫不成灾。

（3）应用生物源农药　生物源农药是指直接利用生物活体或生物代谢过程中产生的具有生物活性的物质，或从生物体中提取的物质，作为防治病虫害的农药，包括植物源、动物源、农用抗生素、活体微生物农药，对人畜毒性较低，在自然环境中易降解、无公害，已成为绿色食品等安全农产品生产的首选农药。例如防治桃蛀螟可喷苏云金杆菌75～150倍稀释液，或青虫菌100～200倍稀释液。防治针叶小爪螨可用保幼激素类、杀螨抗生素等。

（4）应用性诱剂　性诱剂防治板栗害虫具有选择性高、专一性强、无抗药性等问题。对环境安全不产生污染，与其他防治技术有100%的兼容性，且能显著提高板栗产量，是国家倡导的绿色防控技术。目前在板栗生产应用中主要是在栗园中放置桃蛀螟性诱剂和少量农药，以杀死桃蛀螟雄虫，使雌虫失去交配机会不能有效繁殖后代，从而减少后代种群数量而达到防治的目的。

五、化学防治

要做到科学用药，根据防治对象的生物学特性和为害特点，提倡使用生物源农药，尽量使用矿物源农药（如石硫合剂等硫制剂、波尔多液等铜制剂）和低毒有机合成农药，尽量少用化学合成的农药。必须使用时要选择高效、低毒、低残留的化学农药（如杀铃脲、蛾螨灵、福星、代森锰锌等）。在使用化学农药时应在认真搞好病虫情况调查的基础上，做到适时、适药、适量、适位的生态选择，选择合适的喷药时间，尽可能采用高效低毒农药和生物农药相结合，做到一药多用，交替使用。多种病虫害能兼治的不要专治，能挑治的不要普治，防治一次有效的不要多次喷药。严格控制施药次数和浓度，以免杀伤天敌、病虫害产生耐药性。要克服盲目用药、见病虫就治的错误做法，而且在采收前20～30天，应禁止使用化学农药，保证栗果中农药无残留，或虽然有少量残留但不超标。

用喷雾器喷药应选用喷雾式喷头，使药液喷得既均匀又不浪费；不用喷拉式喷枪，药液用量大、浪费多。配制药液要用小量筒准确地量取原液，不能用药瓶盖随意量取。药液要随用随配，不可将大量药液配成母液后再稀释，以免配制过多不能及时喷洒造成浪费。

（1）早春萌芽前喷1次3～5波美度的石硫合剂能防治多种病虫害。树下喷40%敌马粉，或50%辛硫磷粉剂，用药10千克/667平方米，可杀死越冬刚出土的幼虫。花芽萌动时及花后各喷1次60%独特可湿性粉剂1500倍液＋10%蚜虱净4000倍液，可防治白粉病、干枯病、锈病、栗芽枯病和栗大蚜、栗红蜘蛛等害虫。生长季节每隔约15天喷1次杀菌剂，可与2.5%灭幼脲3号2000倍液交替使用，可防治多种病虫害。叶螨发生期可喷20%螨死净1500倍液。栗果采收后可用多用途300倍液喷药或用药液浸蘸栗蓬，可防治桃蛀螟和栗实蛾。春季可用80%敌敌畏5倍液＋柴油在树干上涂环，可防治栗瘤蜂、栗大蚜。在发病初期可喷0.3波美度的石硫合剂，或50%甲基托布津100倍液，可防治白粉病。

（2）金龟子、栗象鼻虫、桃蛀螟等食叶、蛀果害虫，可选用高效氯氰菊酯、敌百虫、苦参素等农药。栗大蚜、红蜘蛛等刺吸式害虫、害螨可选用阿维菌素、吡虫啉、啶虫脒等高效、低残留杀虫、杀螨剂。板栗炭疽病、栗疫病可选用铜制剂、农抗120、甲基托布津、多菌灵等杀菌剂。防治板栗膏药病可用柴油乳剂。

（3）秋、冬季可用石硫合剂原液＋食盐＋生石灰＋甲霜灵锰锌＋水（1∶1∶6∶0.5∶20）混合液涂刷树干，可防治栗疫病。已发病的树体先刮除病部组织，再涂刷药剂防治。栗实象的防治可在6月上旬喷布90%敌百虫1000倍液，或敌敌畏800倍液，采果后可用50℃热水浸坚果10分钟，可杀死果中的幼虫。栗大蚜防治的关键在冬季刮除有虫卵越冬的树皮，用石硫合剂树干涂白，5月中旬喷敌杀死1500倍液，或扑虱灵1000倍液。栗实蛾防治可在7～8月害虫发生时喷杀虫威800倍或水胺硫磷600倍液。炭疽病、栗瘤蜂、透翅蛾、天牛、桃蛀螟和介壳虫等可经常观察，适时选择高效、低毒低残留的药剂，进行有效的综合防治。

使用农药按GB4285—89、NY/T393—2000、GB/T8321.1、GB/T8321.2、GB/T8321.3等标准，严格执行。

附：　**农药合理使用准则（板栗）**

农药类型	通用名	商品名	剂型	防治对象	每667平方米每次制剂施用量或稀释倍数（有效成分浓度）	施药方法	每生长季最多施药次数	安全间隔期/天	残留限量（毫克/千克）
杀虫、杀螨剂	辛硫磷	辛硫磷	50%乳油	栗大蚜、栗实象甲、刺蛾	1000~1500倍	喷雾	2	20	0.05
	灭幼脲	灭幼脲三号	25%悬浮剂	刺蛾、尺蠖	800~1000倍	喷雾	2	30	
	敌百虫	敌百虫	90%晶体	桃蛀螟	1000倍	采收后栗蓬上喷雾	1	30	0.1
	哒螨酮	哒螨灵、哒螨净	20%可湿性粉剂	栗叶螨	2000~3000倍	喷雾	2	20	
	噻螨酮	尼索朗	5%乳油	栗叶螨	1500~2000倍	喷雾	2	30	0.5
	石硫合剂	石硫合剂		白粉病、叶螨、介壳虫类	3~5波美度 / 0.3~0.5波美度	萌芽前喷雾 / 生长季喷雾	2	21	0.2
	氟虫脲	卡死克	5%乳油	栗大蚜、栗实象甲	1000~1500倍	喷雾	2	20	0.1
	敌敌畏	敌敌畏	80%乳油	天牛、板栗透翅蛾	1500~2000倍 / 1000倍 / 100倍	采收后栗蓬上喷雾 / 堵塞虫孔熏杀幼虫	1	20	0.1
	乐果	乐果	40%乳油	栗瘿蜂、叶螨、栗实象甲	1000~1500倍	喷雾	1	21	1.0
	溴氰菊酯	敌杀死	2.5%乳油	栗瘿蜂、尺蠖、栗大蚜、栗实象甲	2000~3000倍	喷雾	2	20	0.1
	甲氰菊酯	灭扫利	20%乳油	栗蛀花麦蛾、栗大蚜、尺蠖、栗实象甲	2000~3000倍	采收后栗蓬上喷雾	1	30	0.1
	氰戊菊酯	速灭杀丁、杀灭菊酯	20%乳油	栗瘿蜂、栗大蚜、尺蠖、栗实象甲	2000~3000倍	喷雾	2	21	0.2
杀菌剂	多菌灵	多菌灵	50%可湿性粉剂	白粉病 / 栗疫病	600~800倍 / 300倍	喷雾 / 涂干	2	21	0.05
	甲基硫菌灵	甲基硫菌灵、甲基托布津	70%可湿性粉剂	白粉病、炭疽病	800~1000倍	喷雾	2	25	5.0

第二篇

核桃病虫害快速鉴别与防治

第一章
核桃主要传染性病害的
快速鉴别与防治

一、核桃圆斑病

也叫核桃灰斑病。在河北、陕西均有发生和为害。

1. 症状及快速鉴别

主要为害叶片。

病斑圆形，直径3~8毫米。初为浅绿色，后变为暗褐色，最后干枯变为灰白色，边缘黑褐色。后期病斑上生出黑色小粒点，即病原菌的分生孢子器。病情严重时造成早期落叶（图1-1）。

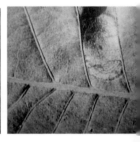

图1-1　核桃圆斑病为害叶片症状

2. 病原及发病规律

为胡桃叶点霉，属半知菌亚门真菌。分生孢子器初埋生在病部叶面上，后突破表皮外露，扁球形，膜质。分生孢子卵圆形，单胞无色。

病菌以菌丝和分生孢子器在核桃枝梢上及病落叶中越冬。翌年5~6月产生分生孢子，借风雨传播，引起发病。雨季进入发病盛期。

降雨多且早的年份发病重。管理粗放、枝叶过密、树势衰弱，易发病。

3.防治妙招

（1）加强管理　防止枝叶过密，注意降低核桃园湿度，可减少侵染。清除病叶，集中烧毁或深埋，消灭越冬病菌。

（2）喷药防治　春季发芽前可喷3～5波美度石硫合剂，或乙酸铜600倍液。生长期雨季来临时可喷1∶2∶200倍波尔多液，或靓果安800倍液，或50%多菌灵可湿性粉剂1000倍液，或70%甲基托布津800～1000倍液，或80%戊唑醇4000倍液，或10%苯醚甲环唑3000倍，或80%代森锰锌800倍液。每隔15天用药1次，喷2～3次，可预防病害发生。

二、核桃楸毛毡病

也叫山胡桃丛毛病、疥子、痂疤。

1.症状及快速鉴别

图1-2　核桃楸毛毡病

主要为害核桃楸叶片。发病初期叶面散生或集生浅色小圆斑，直径大小约1毫米，以后病斑逐渐扩展至（4～13）毫米×（3～10）毫米，病斑颜色逐渐变深，多呈圆形至不规则形痂疤状。叶背面对应处出现浅黄褐色细毛丛。严重时病叶干枯脱落（图1-2）。

2.病原及发病规律

为胡桃绒毛瘿螨为害造成的。

胡桃绒毛瘿螨秋末潜入芽鳞内越冬。翌年温度适宜时潜出为害，潜伏在叶背面凹陷处的绒毛丛中隐蔽活动。在高温干燥条件下繁殖较快，活动能力也较强。在河北7月上旬～9月中下旬发生较多。

3.防治妙招

（1）加强栽培管理，提高树体抵抗能力。

（2）及时剪除有害螨的枝条和叶片，集中烧毁或深埋。

（3）药剂防治　在核桃芽萌动或展叶期，可喷50%硫悬浮剂

200～300倍液，或5%尼索朗乳油1500倍液，或20%螨死净悬浮剂3000倍液，均可收到较好的防治效果。

三、核桃白粉病

1.症状及快速鉴别

为害叶片、幼芽和新梢。可造成早期落叶，甚至苗木死亡。

受害叶片的正、反面出现明显的片状薄层白粉，叶片背面较多呈块状，即病菌的菌丝和无性阶段的分生孢子梗和分生孢子。有的白粉层很薄，均匀分布在叶片正面，以叶脉两侧较为明显。秋后在白粉层上产生初为黄白色，后变为黄褐色，最后变成褐色至黑色的小颗粒，或粉层消失只见黑色小粒点，即病菌有性阶段的闭囊壳（图1-3）。

图1-3　白粉病为害叶片症状

幼果受害，病果皮层褪绿形成白色粉状物，畸形。严重时导致裂果（图1-4）。

图1-4　核桃白粉病为害果实症状

2.病原及发病规律

病原有两种：木通叉丝壳和胡桃球针壳，均属子囊菌门真菌（图1-5）。白粉病菌以菌丝体和闭囊壳在树体的芽、芽痕及脱落的病叶上越冬。翌年春季气温上升遇到雨水，闭囊壳吸水膨胀破裂放射出子囊孢子，随气流传播到幼嫩芽梢及叶上，病原芽管可直接侵入寄主细胞中产生吸器，侵入寄主后病原潜育期较短，一般3~5天就可出现症状。侵染发病后病斑多次产生大量分生孢子，借气流传播进行多次再侵染。5~6月进入发病盛期，7月以后逐渐

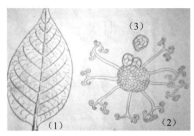

图1-5　核桃白粉病症状和病原菌
（1）病状；（2）闭囊壳；
（3）子囊和子囊孢子

停滞下来。秋季病叶上产生小粒点即闭囊壳，随着落叶进行越冬。

　　春季温暖干旱，氮肥多、钾肥少，枝条生长不充实，易发病。苗木及幼树比大树更易受害。一般情况下顶芽带菌率最高。植株组织柔嫩也易感病。核桃园密闭，通风不良，管理粗放，树势衰弱，病害发生重。

　　3.防治妙招

　　（1）**农业防治**　合理施肥与灌水，注意氮肥、磷肥和钾肥的平衡施用，防止枝条徒长。合理密植，加强树体科学管理，增强树体抗病能力。

　　（2）**清园**　结合冬剪，及时清除病落叶、病果等病残体，并集中深埋或烧毁，减少初侵染来源。

　　（3）**药剂防治**　重病区可从发病初期的7~8月开始喷药。可喷0.2~0.3波美度的石硫合剂，或1：（1~2）：200倍波尔多液，或20%三唑酮乳剂3000~4000倍液，或70%甲基托布津可湿性粉剂800~1000倍液，或2%农抗120水剂200倍液，或25%粉锈宁可湿性粉剂500~800倍液。每隔10天喷1次，连续喷2~3次。

四、核桃粉霉病

　　也叫核桃霜点病。核桃产区均有发生，并能侵染许多核桃品种，还能侵染枫杨、核桃楸等，引起枫杨丛枝病。在陕西、甘肃、山东、云南、四川、河南等地均有发生。为害叶片，严重时可使叶片焦枯。

图1-6　粉霉病为害症状

1.症状及快速鉴别

主要为害叶片。在被害叶片的正面产生不规则形的黄色褪绿斑，在相对应的叶背面出现密生灰白色的粉状物，为病菌的分生孢子梗和分生孢子。病叶边缘开始枯焦脱落，再生出新叶叶形较小。同时，逐渐产生丛枝现象（图1-6）。

2.病原及发病规律

为核桃微座孢菌，属半知菌亚门真菌（图1-7）。

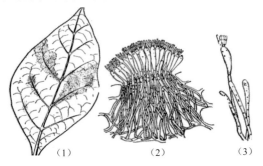

（1）　　　　　（2）　　　　　（3）

图1-7　粉霉病症状和病原菌

（1）病状；（2）分生孢子堆；（3）分生孢子梗及分生孢子

病菌在病残体上越冬。翌年借风、雨、昆虫传播，由伤口和自然孔口侵入，潜育期4～9天。发病的早晚、轻重与雨量有密切的关系。在雨季早、雨水多的年份发病早而重，反之发病晚而轻。株距小、通风透光不良的核桃园发病严重。在核桃园附近如果有苹果园发病重。

粉霉病约在7月中旬开始发病。苗木和幼树感病重，大树感病轻或很少感病。嫩叶易感病。不同品种之间抗病差异性不显著。

3.防治妙招

（1）清除菌源　及时从核桃园中捡出落果、病果，扫除病落叶，结合冬剪剪除病枝，集中烧毁。生长季发病初期及时将病枝及其着生的大枝一并剪除，可控制病害的发展。

（2）**加强栽培管理**　合理修剪，保持良好的通风透光条件。核桃园最好远离苹果园。

（3）**药剂防治**　发芽前可喷洒3～5波美度的石硫合剂消灭越冬病菌。展叶期和6～7月间各喷洒1次1∶0.5∶200倍的波尔多液。

发病严重的核桃园在5～6月发病期间，可喷洒65%代森锰锌可湿性粉剂400～500倍液，或50%甲基托布津可湿性粉剂1000～1500倍液，或40%退菌特可湿性粉剂800倍液，并与1∶2∶200倍波尔多液交替使用，防治效果好。

五、核桃炭疽病

1.症状及快速鉴别

主要为害核桃果实、叶片、嫩芽和嫩梢。

果实受害，果面上病斑初为褐色，后为黑褐色，圆形、近圆形或不规则形，中央稍凹陷。病斑中央有很多褐色至黑色小点，有时呈同心轮纹状排列。天气潮湿、湿度大时，直径3毫米的小病斑在病斑小黑点处涌出黏性、轮纹状排列的粉红色孢子团小突起，即病菌的分生孢子盘和分生孢子。一个病果上病斑可多达十几块。果实在成熟前感病，病斑局限在外果皮，对核仁影响不大。发病轻时核壳或核仁的外皮部分变黑，降低出油率和核仁产量（图1-8）。严重时病果上常多个病斑扩大或连成片，导致全果变黑腐烂，可深达内果皮，造成核桃果实干缩早落，核仁失去食用价值（图1-9）。

叶片受侵染感病后，多在叶尖、叶缘形成大小不等的褐色枯斑，叶片外缘枯黄，病斑不规则。有的在主、侧脉两侧出现长条状枯黄斑

图1-8　核桃炭疽病轻度为害果实

图1-9 核桃炭疽病严重为害果实

图1-10 核桃炭疽病为害叶片

或圆褐斑，有的沿叶缘四周发生约1厘米宽的枯黄病斑。湿度大时病斑上的小黑点也产生粉红色孢子团。严重时病斑连片，全叶枯黄脱落（图1-10）。

核桃苗木和核桃树芽、枝梢、叶柄、果柄感病后，在芽鳞基部呈现暗褐色病斑；有的还可侵入芽痕、嫩梢、叶柄、果柄等，均出现不规则或长形凹陷的黑褐色病斑；造成芽梢枯干，叶果脱落，常从顶端向下枯萎，叶片呈烧焦状脱落（图1-11，图1-12）。

图1-11 核桃炭疽病为害果柄症状　　　图1-12 核桃炭疽病为害枝梢症状

2.病原及发病规律

为围小丛壳菌，属子囊菌亚门真菌；无性阶段为胶孢炭疽菌，属半知菌亚门真菌（图1-13）。

病菌以菌丝、分生孢子在核桃病枝、叶痕、残留病果及芽鳞中越冬，成为翌年初次侵染来源。病菌分生孢子借风、雨、昆虫等进行传播，在适宜的条件下萌发，从伤口和自然孔口侵入，发病后产生的分生孢子团又可进行多次再侵染。

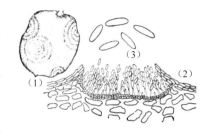

图1-13 炭疽病症状和病原菌
（1）病果；（2）分生孢子盘；
（3）分生孢子

核桃炭疽病一般比核桃黑斑病发病晚，发病时间随地区不同而有差异。四川为5月中旬，河南发病时间为6月上中旬，河北、北京为7～8月。发病的早晚和轻重与高温、高湿条件有密切关系。在25～28℃条件下潜育期3～7天。一般当年雨季早、雨水多、湿度大，发病早且重。反之发病晚、病害轻。也与栽培管理水平有关，栽植密度过大、株行距小、过于密植、管理水平差、树冠密挤、通风透光不良及举肢蛾为害多的，发病较重。核桃附近有苹果树的发病重。不同核桃品种类型间抗病性也表现出明显的差别，一般早实型薄壳核桃不如晚实型核桃品种抗病性强，华北本地核桃比新疆核桃品种抗病。

3.防治妙招

（1）加强栽培管理　合理控制密度，栽植新疆核桃时株行距不宜过密，保证树体通风透光良好。加强栽培管理，注重增施有机肥和菌肥。加强夏季修剪工作，改善园内和冠内通风透光条件。7月发病期及时摘除病叶、病果，清除病枝、病株残体等残体，有利于控制病害的大面积发生。

（2）清园　果实采收后结合修剪，清除病枝，及时摘除清除病僵果、清除病叶及落叶，集中烧毁，减少菌源，减少初次侵染源。

（3）选用抗病品种　选育和选用丰产、优质、抗病的核桃新品种。

（4）喷药防治　春季发芽前可喷3～5波美度石硫合剂，或乙酸铜600倍液。开花后发病前期雨季来临时可喷1∶2∶200倍波尔多液，或靓果安800倍液，或50%多菌灵可湿性粉剂1000倍液，或70%甲基托布津800～1000倍液，或80%戊唑醇4000倍液，或10%苯醚甲环唑3000倍液，或80%代森锰锌800倍液。每隔15天用药1次，共喷2～3

次，可预防病害的发生。

在生长期的6～7月间，及时清除受病害的果实及病叶，防止病害蔓延。发生病害时在发病初期，及时喷75%百菌清可湿性粉剂500～600倍液，或50%多菌灵可湿性粉剂1000倍液，或70%代森锰锌可湿性粉剂500～600倍液，或50%炭疽福美可湿性粉剂600～700倍液，或70%甲基托布津800～1000倍液，或40%退菌特可湿性粉剂800倍液，可与1∶2∶200倍波尔多液交替使用。根据病情每隔约15天喷1次，共喷2～3次。

发病重的核桃园可喷2%宁南霉素500倍液，或靓果安500倍液，并与10%苯醚甲环唑3000倍液交替使用。每隔7～10天喷1次。

使用以上药剂时（除波尔多液外），可加0.03%皮胶作展着剂，可显著提高药效。

六、核桃黑斑病

也叫核桃细菌性黑斑病、核桃黑、黑腐病、角斑病，是核桃果实和叶片的主要病害。发生比较普遍，是一种世界性病害。在我国主要核桃产区，均有不同程度的发生和为害，以河北、辽宁、河南、山西、山东、陕西、甘肃、江苏、浙江、云南、四川等核桃产区更为严重，一般被害株率60%～100%，果实被害率30%～70%，重者90%以上，核仁减产可达40%～50%，严重影响核桃产量与质量。除为害核桃外，还能侵染许多核桃属植物。

1.症状及快速鉴别

主要为害核桃幼果，还可为害叶片、嫩枝梢、芽及花器。发病后造成果实变黑、腐烂、早期果实脱落。不脱落的被害果核仁干瘪减重，出仁率、出油率降低，甚至不能食用。

叶片受害，病斑较少，先沿叶脉及叶脉分叉处出现黑色小斑点，扩展后呈近圆形或多角形黑褐色病斑，外缘有半透明油浸状晕圈，中央灰褐色。多雨时叶面多呈水渍状近圆形病斑。严重时病斑连片扩大，整个叶片变黑变脆，叶片皱缩枯焦，病部中央变为灰白色，有时脱落形成穿孔，叶片残缺不全，提早脱落（图1-14）。

图1-14　核桃黑斑病为害叶片症状

　　叶柄和嫩枝梢上的病斑，呈长圆形或不规则形，黑褐色，稍凹陷。严重时病斑扩展包围枝梢一周，造成落叶和上段枝梢枯死。

　　芽受害，常变黑枯死。

　　花序受害，产生黑褐色水渍状病斑。雄花序受害花轴变黑扭曲，造成花序枯萎早落。

　　果实受害，初期果面表皮上出现黑褐色、油浸状、微隆起的小斑点，后病斑逐渐扩大，呈圆形或不规则形黑色病斑，无明显边缘，逐渐凹陷变黑，外缘有水渍状晕圈。后病斑迅速扩大成片，中央下陷、龟裂，并变为灰白色，果实略呈畸形。遇阴雨天病斑迅速扩大并向果核发展，使核壳变黑。严重时病斑凹陷，可深入内果皮（核壳），使整个果实连同核仁全部变黑腐烂，果仁干瘪，提早落果。幼果发病时因其内果皮尚未硬化，病菌向深处继续扩展，可使核仁腐烂，为害较重（图1-15）。接近成熟期的果实发病时因核壳逐渐硬化，发病仅局限在外果皮，为害较轻（图1-16）。

2.病原及发病规律

　　为黄单胞杆菌，属细菌。

　　病原细菌在感病枝梢及老溃疡病斑、病芽芽鳞和残留病果等组织

图1-15　核桃黑斑病为害幼果症状

图1-16 核桃黑斑病为害果实后期症状

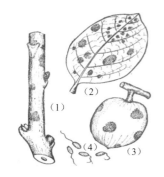

图1-17 黑斑病症状和病原菌

（1）病枝；（2）病叶；（3）病果；
（4）病原细菌

内越冬。翌年春季分泌出细菌液，借风、雨水飞溅、昆虫等传播到叶片，再到果实上。核桃展叶期借雨水或昆虫活动将带菌的花粉传播到叶片、嫩枝与果实上为害，病菌可侵染花序（花器），在4～8月发病并反复多次进行再侵染（图1-17）。

细菌由气孔、皮孔、蜜腺、柱头等自然孔口及各种伤口（虫伤、日灼伤、冰雹伤等）侵入。核桃举肢蛾、桃蛀螟、核桃长足象等在果实、叶片、嫩枝上取食或产卵造成的伤口，以及日灼伤、冰雹伤处等都是细菌侵入的途径。引起初次侵染发病后，又可进行多次再侵染。

核桃黑斑病发病早晚及发病程度与温度、湿度有关，在足够的湿度条件下细菌侵染叶片的温度范围为4～30℃，侵染幼果的适温为5～27℃。病菌的潜育期在不同部位也有差异，果实上为5～34天，叶片上为8～18天，一般为10～15天。

发病程度与雨水关系密切。一般雨后病害迅速蔓延，展叶及花期最易感病。春、夏多雨的年份与季节发病早且严重，尤其是南方降雨量大的地区要特别注意防范。在山东、河南等地一般5月中下旬开始发生，6～7月为发病盛期。河北中部地区7月下旬～8月中旬为发病盛期。华北地区7～8月恰逢雨季高温高湿，加之核桃举肢蛾为害及日灼等，为细菌的侵入和传播创造了有利条件，果面病斑迅速扩大、变黑腐烂，为发病高峰期。桃栽植密度大、树冠郁闭，通风透光不良，发病重。

3. 防治妙招

（1）**新发展地区选择抗病品种和砧木**　用核桃楸作砧木嫁接的核桃比一般核桃抗病。

（2）**加强栽培管理**　加强土肥水管理，山区注意刨树盘，蓄水保墒，保持健壮树势，增强抗病能力。合理的栽植密度及合理整形修剪，使树体结构合理，枝叶分布均匀，保持良好的通风透光条件。

（3）**减少伤口**　注意采果时尽量少采用棍棒敲击，避免损伤枝条，减少树体伤口可减少病菌侵染的机会。在虫害严重发生的地区特别是核桃举肢蛾发生严重的地区，应及时防治害虫，减少伤口和传带病菌介体，达到防病的目的。

（4）**清园**　果实采收后脱下的果皮应进行处理，集中烧毁或深埋。结合修剪剪除病虫、枯枝梢，清除病叶、落叶与病残果，收拾地面落果，集中烧毁，减少初次侵染源。

（5）**药剂防治**　发芽前可喷1次3～5波美度的石硫合剂，或40%毒死蜱1000倍液＋43%戊唑醇3000倍液，消灭越冬病菌及害虫。开花后可喷80%代森锰锌可湿性粉剂800倍液，或1∶0.5∶200倍波尔多液，或70%甲基硫菌灵1000倍液。果实膨大期（5～6月份）可喷70%甲基硫菌灵可湿性粉剂1000倍液。发芽后、花期及花后可结合农用链霉素或春雷霉素等药剂交替使用。可喷70%甲基托布津＋农用硫酸链霉素，5～7月份每隔15天喷1次，也可与乙蒜素、草酸铜等药剂交替使用，以防产生耐药性。

> **提示**　根据病情实际情况可喷洒1～3次，在雌花开花前、开花后及幼果期关键时期进行。

（6）**越冬管理**　落叶后在树干、树枝上涂抹护树将军，阻碍病菌在树体上繁衍。还可保温、消毒，防止霜冻。也可全园喷洒护树将军，或使用溃腐灵进行全园喷施消毒，杀灭病菌，营养树体。

对于已经发生病变的树体要及时全园喷洒药剂加新高脂膜，形成一层保护膜，增强药效，防止病菌借风雨传播感染。

（7）**伤口管理**　对于一些剪锯口、伤口要及时涂抹愈合剂或其他愈伤防腐膜保护伤口，防止被病菌侵入及雨水污染。

七、核桃褐斑病

在河北、河南、陕西、山东、吉林、四川等地均有不同程度的发生。

1.症状及快速鉴别

主要为害叶片、新梢和果实，造成早期落叶、枯梢、烂果，影响树势和产量。

叶片感病，在嫩叶上病斑呈褐色多角形，在较老叶片上呈褐色圆形病斑。病斑扩大增多后呈近圆形或不规则形，直径0.3～0.7厘米，中间灰褐色，病斑边缘与健部界限不明显，暗黄绿色至紫褐色，呈枯花斑。有时外围有黄色晕圈，中央灰褐色部分有时形成穿孔，病斑上有略呈同心轮纹状排列的黑褐色小点，即分生孢子盘与分生孢子（图1-18，图1-19）。后期严重时病斑增大，或多个病斑常常融合在一起互相连成大片，形成不规则形的大片焦枯死亡区，周围常带黄色至金黄色，容易造成病叶早期脱落。有时叶柄上也出现病斑（图1-20）。

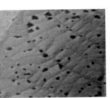

图1-18 褐斑病为害叶片初期正面症状

图1-19 褐斑病为害叶片初期背面症状

图1-20 褐斑病为害叶片后期症状

注意 叶脉在一定程度上，可以阻断病斑发展，这是鉴定该病的重要特征之一。

嫩梢、嫩苗发病，枝梢上病斑长椭圆形或不规则形，稍凹陷，黑褐色，边缘淡褐色，病斑中间部位常有纵向裂纹。发病后期病斑上表面散生黑色小粒点，即病原菌的分生孢子盘与分生孢子。严重时病斑包围枝条，使上部枯死，造成枯梢（图1-21）。

图1-21 褐斑病为害新梢症状

果实受害，较叶片上的病斑小，开始出现小而稍隆起的褐色软斑，以后迅速扩大、逐渐凹陷变黑，外围有水渍状晕纹。严重时扩展或连片后，果实、果仁变黑腐烂。后期果实受侵害只为害外果皮。

2.病原及发病规律

为核桃盘二孢，属半知菌亚门真菌（图1-22）。

病菌以菌丝、分生孢子在被害叶片、枝梢或感病枝条等病残组织内越冬。越冬后翌年春季在适宜的温、湿度条件下仍能形成分生孢子，借风雨传播，从叶片侵入。展叶及花期最易感病，发病后病部又形成分生孢子进行多次再侵染。夏季进入发病盛期，雨水多、高温高湿条件下发展迅速。果实在硬核前易被病菌侵染。一年中可进行多次侵染。华北地

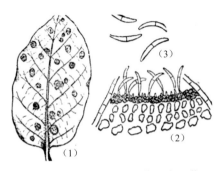

图1-22　核桃褐斑病症状和病原菌
(1)病叶；(2)分生孢子盘；(3)分生孢

区5月中旬～6月上旬开始发病，7下旬～8月中旬为发病盛期。晚春初夏多雨年份发病严重。发病轻重与湿度有关，雨后迅速蔓延。病菌的潜育期在果实上为5～34天，叶片上为8～18天。

3.防治妙招

（1）清园　果实采收后结合修剪，清除病枝、病叶、病果及病梢等病原物。春雨来临前再彻底清扫核桃园，及时清除病枝叶，集中深埋或烧毁，减少病原菌。

（2）农业防治　选用无毒抗病性强的品种育苗减少染病的可能。加强核桃栽培的综合管理，重视改良土壤，合理施肥，适时灌水，禁止大水漫灌。雨季挖沟及时排除积水。改善通风透光条件，及时防治举肢蛾等害虫。采收时避免损伤枝条。保持树体健壮生长，增强树势，提高抗病力。

（3）药剂防治　发芽前可喷1次3～5波美度的石硫合剂。花期前后可喷1:2:200倍波尔多液，或70%甲基托布津可湿性粉剂1000～1200倍液，或75%多菌灵可湿性粉剂1200倍液，或50%退菌特800倍液，或65%甲霜灵可湿性粉剂1500～2000倍液，或80%代森锰锌可湿性粉剂1000～1200倍液，或50%扑海因可湿性粉剂1000～1500倍液，对褐斑病均有良好的防治效果。在雌花开花前、开花后和幼果期各喷1次。喷药时注意交替施药。如逢雨季可在配制好的药液中加入助杀灵等展着剂，以提高药液粘着性。

八、核桃仁霉烂病

在全国各地核桃产区均有发生和为害。是核桃贮存过程中常见的病害，也有的是在生长期发病后带入贮藏场所继续发病。由于核桃仁霉烂不堪食用，或出油率降低，造成很大的经济损失。

1.症状及快速鉴别

核桃仁发病后，核桃壳的外表症状并不明显，但重量减轻。砸开核桃壳后可见核桃仁干瘪，或病仁黑色，表面生长一层青绿色或粉红色甚至黑色的霉层，并具有苦味和霉酸味（图1-23）。

图1-23　核桃仁霉烂病

2.病原及发病规律

为镰孢菌、粉红单端孢菌、青霉菌、链格孢菌和黑曲霉菌等，均属半知菌亚门真菌。

各种霉菌的孢子都广泛散布在空气中、土壤里及果实表面，当果实有破伤、虫蛀等伤口时，霉菌孢子萌发芽管，即可从伤口侵入。在贮藏期内果实含水量高，或堆积受潮，或通气不良，湿度过高，均易引起核桃仁霉烂。

3.防治妙招

（1）核桃采收时防止皮壳损伤，贮藏前剔除病虫果实。

（2）房屋和麻袋等设施和贮藏器具，在使用前应用甲醛或硫黄密封熏蒸消毒。

（3）贮藏期应保持低温和通风，防止潮湿。

九、核桃腐烂病

也叫烂皮病、黑水病。

1.症状及快速鉴别

主要为害枝干的皮层，因树龄和感病部位的不同，病害症状表现有所差异。成龄大树的主干及主枝感病后，由于树皮厚，病斑初期隐藏在皮层韧皮部内，俗称"湿囊皮"（图1-24）。在韧皮部腐烂，外部无明显的症状。有时多个病斑连片呈小岛状相互串联成大的斑块，病斑连片扩大后周围聚集大量的白色菌丝体，当发现从皮层由内向外溢出黑色黏稠的液滴时，皮下已扩展为纵向长数厘米，甚至长达10～20厘米的病斑。发病后期病斑可扩展到长达20～30厘米。树皮纵裂，沿树皮裂缝流出黏稠的黑水糊在树干上，故称黑水病。黑水干后发亮，好似刷了一层黑漆（图1-25）。

图1-24　湿囊皮　　　　　　　　图1-25　核桃腐烂病为害枝干症状

　　幼树主干和侧枝受害感病后，因皮层较薄，病斑易深入木质部及周围的愈伤组织。病斑初期近似梭形，呈暗灰色、水浸状、微隆起，用手指按压病部流出带泡沫的液体，树皮变褐色，有酒糟气味。后期病组织失水下陷，病斑上散生许多黑色小点，即病菌的分生孢子器。当温度、空气湿度大时，从小黑点内涌出橘红色胶质丝状物，为病菌的分生孢子角。后期病斑沿树干纵横方向发展，病斑皮层纵向开裂，流出大量黑水。当病斑环绕树干一周时导致幼树和侧枝枝枯，或全株死亡（图1-26）。

　　枝条受害，主要发生在营养枝或2～3年生的侧枝上，感病部位枝条逐渐失绿，皮层充水，与木质部剥离，随即迅速失水，使整枝干枯呈枯枝状。皮下病斑上密生黑色小点，为分生孢子器。也可从剪锯口处发病，修剪伤口感染发病后出现明显的褐色病斑，并沿着梢部向下蔓延或向外面的1个分枝蔓延，绕枝1周形成枯梢，引起枝条枯死（图1-27）。

图1-26　核桃腐烂病为害幼树症状

图1-27　核桃腐烂病为害枝干及枝条症状

2.病原及发病规律

为胡桃壳囊孢菌，属半知菌亚门球壳孢目真菌。分生孢子器埋生在寄主表皮的子座中。分生孢子器形状不规则，多室，黑褐色，具长颈。成熟后突破表皮外露。分生孢子单胞、无色，香蕉状（图1-28）。

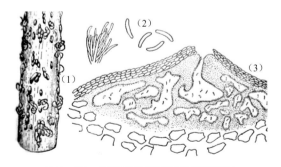

图1-28　核桃腐烂病症状和病原菌图

（1）症状；（2）子座及分生孢子器；（3）分生孢子梗及分生孢子

病菌以菌丝体或子座及分生孢子器在病组织上越冬。翌年春季核桃树液流动后，遇有适宜的发病条件产生分生孢子。病菌孢子借风、雨、昆虫传播，从芽痕、皮孔、剪口、嫁接口及冻伤、日灼等伤口等处侵入，逐渐扩展蔓延为害。总之，一切导致树势衰弱的因子都有利于该病害的发生。一年中从早春到树木越冬前都是为害期。当空气湿度大时陆续分泌出分生孢子角，产生大量的分生孢子，整个生长季节可多次侵染为害，直至越冬前停止侵染。其中以春、秋两季为一年的发病高峰期，尤以春季为害严重，特别是在4月中旬～5月下旬为主要发病期，为害最重。

一般核桃苗期与幼龄期较成龄结果树发病程度轻。核桃进入结果期后如果栽培管理不当，缺肥少水，负载量过大，树势衰弱，腐烂病就易发生，造成枝条枯死、结果能力下降。严重时引起整株死亡。管理粗放，肥水不足，土壤瘠薄，排水不良，盐碱地，地下水位过高，树势衰弱或遭受冻伤、日灼伤、盐害和干旱失水，以及连年大量开花结实的核桃树容易发病。

3.防治妙招

（1）**加强栽培管理**　对于土壤结构不良、土层瘠薄、盐碱重的核桃园，应先改良土壤，促进根系发育良好。增施有机肥，提高树体营养水平，增强树势和抗寒抗病能力。合理修剪，及时清理剪除病枝、死枝、刮除病皮，集中销毁。秋季落叶前树冠密闭的疏除部分大枝，打开天窗。生长期间疏除下垂枝、老弱枝，恢复树势。适期采收，尽量避免用棍棒击伤树皮。对剪锯口用1%的硫酸铜消毒，或用愈合剂涂抹伤口。

（2）**刮治病斑，药剂涂刷树干**　早春和生长季节及晚秋经常检查病斑，一经发现及时彻底刮治。多数药剂在使用时都需要刮除老皮、病斑，刮口要光滑平整。

大树要刮去老皮，铲除隐蔽在皮层下的病疤。病疤最好刮成菱形，做到刮口光滑平整以利愈合。病疤刮除范围应超出变色坏死组织约1厘米，略刮去少量好皮即可，树皮没有烂透的部位只需将浅层病皮刮去，病变达木质部的要刮到木质部。剪下的病枝及刮下的老皮、病皮，要集中清理带出园外烧毁（图1-29）。

提示 应坚持常年检查及刮治病斑，不能放松，要做到"刮早、刮小、刮了"，以春季为重点，其次是秋季。刮下的病屑应及时收集烧毁，避免人为传染。

刮皮后涂刷树干，或涂抹嫁接伤口及剪锯伤口。可用斯米康15倍液，或福涂100倍液、或50%甲基托布津可湿性粉剂50倍液，或10%苯并咪唑50～100倍液，或65%代森锰锌等50～100倍液，或50%退菌特可湿性粉剂50倍液，或5～10波美度石硫合剂，或1.6%噻霉酮，或1%硫酸铜液；也可用过氧乙酸、甲硫萘乙酸或腐康生皮宝等新药剂。要做到涂匀，刮除面积全覆盖，在树体形成保护膜，有效隔离病菌，促进新皮迅速愈合生长（图1-30）。

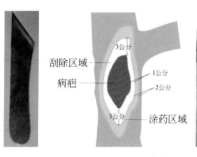
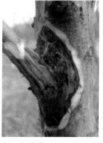

刮除区域
病疤
3公分
1公分
2公分
3公分
涂药区域

图1-29　刮刀及刮治病斑　　　　图1-30　刮治腐烂病疤后涂药

防治后伤口可涂波尔多液保护，或对所有核桃树树干涂刷石硫合剂，以防病菌再次侵入。

为了方便也可在病斑外围约1.5厘米处划一"隔离圈"，深达木质部，然后在圈内相距0.5～1厘米，划交叉平行线再涂药保护。常用4～6波美度的石硫合剂，或50%福美双可湿性粉剂50倍液。也可直接在病斑上敷3～4厘米厚的稀泥，超出病斑边缘3～4厘米，用塑料纸裹紧即可。

（3）清园　核桃采收后结合修剪，剪除病虫枝，刮除病皮，收集烧毁，减少病菌侵染源。

（4）**冬、夏树干涂白**　冬季刮净腐烂病疤，然后树干涂白防止冻害和日灼，预防冻害、虫害引起腐烂病发生。

（5）**喷药防治**　早春发芽前、6～7月和9月，在主干和主枝的中下部喷2～3波美度的石硫合剂，或50%福美双可湿性粉剂50～100倍液，铲除核桃腐烂病菌。

十、核桃枝枯病

1.症状及快速鉴别

多发生在1～2年生枝梢或侧枝上，并从顶端逐渐向下沿骨干枝逐渐干枯，后蔓延到主干。受害枝上的叶片变黄脱落（图1-31，图1-32）。

为害初期，病部皮层失绿呈灰褐色，后变为红褐色或深灰色。干燥时开裂下陷，露出木质部，当病斑扩展绕枝干1周时，出现枯枝以至全株死亡。在枯死的枝干上产生密集群生直径1～3毫米的小黑点，即病菌的分生孢子盘。湿度大时大量分生孢子和黏液从盘中涌出，在盘口形成黑色小瘤状突起（图1-33）。

图1-31　枝条受害逐渐干枯

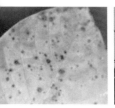

图1-32　受害枝上的叶片变黄脱落

图1-33　核桃枝枯病为害症状

2.病原及发病规律

有性阶段为核桃黑盘壳菌，属子囊菌亚门真菌；无性阶段为核桃圆黑盘孢，属半知菌亚门真菌（图1-34）。

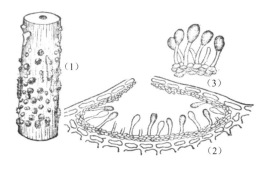

图1-34　核桃枝枯病症状和病原菌

（1）病状；（2）分生孢子盘；（3）分生孢子梗及分生孢子

病菌以分生孢子盘或菌丝体在病枝、树干的病部越冬，为翌年初次侵染源。翌年春季条件适宜时产生分生孢子，孢子借风、雨、昆虫传播，通过各种伤口或嫩梢侵入皮层，进行初次侵染，逐渐蔓延。发病后又产生孢子进行再次侵染。5～6月开始发病，初期病斑不明显，随着病斑逐渐扩大，皮层枯死开裂，病部表面分生孢子盘不断散放出分生孢子，进行多次侵染。7～8月为发病盛期，至9月后停止发病。

病菌为弱寄生菌，腐生性强，发病轻重与树势强弱有密切关系。受冻和抽条严重的幼树易感病。老龄树、生长衰弱的树或枝条易发病。遭受冻害或春旱发病重。空气湿度大或雨水多的年份发病重。一般立地条件好、栽培管理水平高、长势旺的树很少发病。栽植密度过大、通风透光不良，发病较重。

3. 防治妙招

（1）加强栽培管理　栽植时坚持适地适树原则；建园后加强管理，增施肥水。

（2）彻底清园　入冬前结合修剪彻底清除病枝、枯死枝、枯死树，以及落叶、病果一起带出园外集中烧毁，减少初次侵染源。发现病枝、枯枝，及时剪除。同时搞好夏剪，疏除密闭枝、病虫枝、徒长枝，改善通风透光条件，降低发病率。

（3）刮除病斑　树干发病应及时刮治病斑，并用3～5波美度石硫合剂涂刷，再涂抹煤焦油进行保护。

（4）药剂防治　在6～8月可用70%甲基托布津可湿性粉剂800～1000倍液，或400～500倍代森锰锌可湿性粉剂喷雾防治，每隔10天喷1次，连喷3～4次，可收到明显的防治效果。同时要及时防治云斑天牛、核桃小吉丁虫等蛀干害虫，防止病菌由蛀孔侵入。

十一、核桃干腐病

也叫墨汁病。

1. 症状及快速鉴别

主要为害幼树。开始发生在树干的中、下部，随着病害的不断发展逐渐向树干的中上部和枝条上发展。初期病斑明显，出现黄褐色、表面湿润、水渍状、近圆形或不规则形病斑。随着病害的扩展病斑逐渐变大，病斑呈黑色，树皮稍微突，用手指按压流出带泡沫的黑色液体，有酒糟气味。以后病斑中心部不规则开裂，多为棱状或长椭圆形，并从开裂处流出似墨汁状的汁液，天气干燥时病部有褐色胶质物。剥开树皮，皮层发黑腐烂。由于病菌纵向扩展快横向扩展慢，因此病斑大多为梭状或长椭圆形。随着病情的发展，病菌继续侵入木质部，使木质部变黑，一直可深达髓心。后期病部失水变干后干陷，树皮纵裂，病健交界处产生愈伤组织，为明显的溃疡斑。为害严重的树干或枝条，病斑环绕枝条1周，以上部分枯死，叶片萎蔫、枯黄。后期在病部上有很多黑色小点，即病菌的子实体。在潮湿天气下在子囊腔孔口处可看到白色的孢子堆。为害苗木或新植幼树主干，初为褐色小点，后扩大，病斑迅速包围树干，致使上部枝梢枯死，在枯死部位出现黑色小点，即病菌子实体（图1-35）。

图1-35　核桃干腐病为害枝干症状

2.病原及发病规律

有性态为葡萄座腔菌，属子囊菌亚门真菌；无性态属于半知菌亚门球壳孢目球壳孢科大茎点霉属的一种。病菌具有潜伏侵染特点，只有在树体衰弱时树皮上的病菌才扩展发病。

病菌以菌丝体在病组织上越冬。翌年春季4～5月产生孢子，借风雨传播，带菌苗木和接穗等繁殖材料的调运可造成远距离传播。病菌从伤口和皮孔侵入，从3月下旬开始一直到11月为止（图1-36）。

一年有2个发病高峰期，分别是4月中下旬和8月上旬～9月中旬，第二次较第一次高峰期发病症状轻。11月气温降低病菌一般开始进入休眠状态，此时病程结束。干腐病发生的适宜气候条件是冬季温度较高、降水量较少，春季雨水较多的年份病害发生较为严重。原因

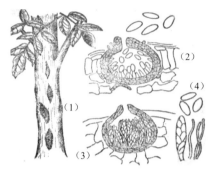

图1-36　核桃干腐病症状和病原菌

（1）为害症状；（2）分生孢子器及分生孢子；

（3）子囊壳；（4）子囊、子囊孢子及侧丝

可能是冬季温暖有利于病原物顺利越冬；冬季干旱不利于树木的生长，使树体抗病能力下降；而春季雨水多有利于病菌的生长、侵染和扩散蔓延，从而导致病害的流行。气候主要通过影响病原菌而影响病害的发生。

核桃干腐病的发生与树龄、郁闭度、结果情况、立地条件、经营水平等因素有关。这些影响因素大多数是通过影响树势而间接影响病害的发生、发展。幼树比大树发病重，10～30年生的山核桃树发病最严重。郁闭度高的果园发病较轻。土壤酸性越高发病越严重。立地条件较好发病较轻。管理水平高（如使用生物肥等）发病较轻。管理粗放、生长不良，发病严重。阳坡比阴坡严重。春旱、土壤黏重、板结和积水等，均可导致发病。

3.防治妙招

（1）农业措施。秋冬季落叶后或春季展叶前清除重病枝，集中烧毁。避免在有病的树上采集接穗。加强管理，增施肥料，促进健壮生长。

（2）发病初期病部用小刀划几道竖横线，然后喷靓果安300倍液。

（3）刮治病斑，药剂涂抹。克腐胶常用于治疗果树腐烂病、干腐病、流胶病，只需涂抹1次，持久灭菌，治病去根。也可用50%退菌特可湿性粉剂50倍液，或1%硫酸铜液进行涂抹消毒。

十二、核桃溃疡病

1.症状及快速鉴别

病害多发生在离树干基部0.5～1米的高度范围内和主侧枝基部。发病初期，在树皮表面出现褐黑色近圆形病斑，直径0.1～2厘米，之

后有的扩展成梭形、长椭圆形或长条形，并有褐色黏液渗出，向周围浸润，中央黑褐色，四周浅褐色，无明显的边缘，整个病斑呈水渍状。幼嫩及光滑的树皮感病，病斑初期呈水渍状或形成明显水泡，后水泡破裂流出褐色乃至黑褐色带泡沫的黏液，有酒糟气味，遇空气变为黑褐色。后期病斑干缩下陷，中央开裂，散生众多小黑点，即病菌分生孢子器。病树皮的韧皮部和内皮层腐烂坏死，呈褐色或黑褐色，腐烂部位有时可深达木质部。树干病害严重时病斑密集联合迅速扩展，或多个相连形成大小不等的梭形或长条形；当病斑扩大绕枝干一周时，由于影响养分输送，出现枯梢、枯枝或全株死亡。在病皮上产生许多较大似线条状排列的黑色小点，遇潮湿时黑点上长出白色至乳白色分生孢子角。到秋季病部表皮破裂，露出大量密集黑色小圆点，即病菌有性阶段（图1-37，图1-38）。

图1-37　溃疡病为害枝干初期症状

果实受害后，感病果实上初期形成大小不等、褐色至暗褐色、近圆形病斑，引起果实早落、干缩或变黑腐烂，表面产生许多褐色至黑色粒状物，即病菌子实体。

2.病原及发病规律

为葡萄座腔菌，属子囊菌亚门真菌。

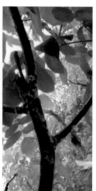

图1-38 溃疡病为害后期症状

　　主要以菌丝体在当年树皮病组织内越冬。翌年春季4月上旬当气温为11.4～15.3℃时菌丝开始生长，病害随即发生，以老病斑复发最多。5月下旬以后气温升至约28℃，分生孢子大量形成，借风雨传播，多从皮孔或受伤衰弱组织及伤口侵入，形成新的溃疡病斑，病害发展达最高峰。新病斑或新病株的形成是病菌潜伏侵染的结果，即核桃树的枝干在当年正常生长期病菌已侵入体内，当核桃树遇到不利条件生理失调时就表现出症状。6月下旬以后气温升高到30℃以上时病害基本停止蔓延。入秋后当外界温、湿度条件适宜孢子萌发和菌丝生长时病害又有新的发展，但不如春季严重，至10月病害停止。

　　病害的发生与植株长势及昆虫为害情况有关。管理粗放，树势衰弱或土壤干旱、土质差及伤口多的核桃树易感病。不同品种、类型的感病程度也不尽相同。

3.防治妙招

　　（1）农业防治　选用抗病品种，加强栽培管理，增施有机肥或种绿肥，保持健壮树势，提高树体营养水平和抗病能力。

　　（2）冬、春刮治病斑　要刮到木质部，彻底铲除后病部涂抹3～5波美度石硫合剂，或1%～2%硫酸铜液，或10%碱水（碳酸钠），或波尔多液（硫酸铜、石灰与水之比为1∶3∶15），均有一定的防治效果。

注意 每隔5天防治1次，连续3次，方可杀死树体内的病原菌。

（3）药剂防治

① 喷雾 采果后或入冬前（秋季清园）和立春后至萌芽前，分别普遍喷施靓果安600倍液+有机硅。萌芽后至谢花期结合防治其他病害，用靓果安600～800倍液喷施叶片及枝干。或在生长季喷施1～2次21%果腐康400～500倍液。发现病斑及时刮除，涂抹果腐康、斯米康或福涂杀菌剂。落叶后或萌芽前树冠可喷100倍果富康，喷药要细致周到。也可在6～8月用70%甲基托布津可湿性粉剂800～1000倍液，或代森锰锌可湿性粉剂100～500倍液喷雾防治。每隔10天喷1次，连喷3～4次，效果良好。

② 涂抹 对树干上溢出的菌脓，以及核桃枝干流出褐色或黑褐色黏液时，先用刀纵横划几道，最后使用溃腐灵原液，或斯米康，或福涂杀菌剂，或溃腐灵5倍液+有机硅涂抹（注意涂抹面积应大于发病面积）。病情严重的（多处流液且量大）间隔3～5天再涂抹1次。涂抹后约20天病斑干爽无蔓延，开始长出新皮。

春、秋两季及时查找病斑，用刀将病斑刮除或划破病斑，深达木质部，刮下的病皮带出园外集中烧毁。用3～5波美度石硫合剂，或10%甲基硫菌灵涂抹患处，连涂2～3次。

十三、核桃桑寄生

1.症状及快速鉴别

在核桃树被寄生的枝条或主干上丛生桑寄生植株的枝叶非常显著，寄生处稍肿大，或产生瘤状物，容易被风折断。由于核桃的一部分养料和水分被桑寄生吸收，且桑寄生又分泌有毒物质，造成落叶早、发芽迟、开花少、易落果（图1-39）。

2.病原及发病规律

属种子寄生植物的桑寄生，是一种多年常绿小灌木。叶对生，灰绿色，椭圆形或倒卵形，光滑，有短柄。小枝灰褐色，粗而脆，其表面被蜡质层，顶生两性花，花冠淡色筒状，浆果橙色，半透明，球形。

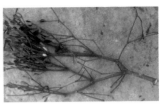

图1-39 核桃桑寄生症状

桑寄生植株在核桃枝干上越冬，秋季产生大量浆果，飞鸟粪中的种子或鸟嘴吐出的种子都能粘固在核桃树的枝条上。种子吸水萌发后，其胚根先端产生吸盘，从伤口、芽部、嫩枝树皮等处侵入，并伸出初生吸根分泌消解酶钻入核桃树皮层及木质部，再产生许多次生吸根以吸收寄主的水分和无机盐，在吸根上部的胚叶发展成茎叶，含有叶绿素能进行光合作用。有时沿着寄生枝条的表面长出许多根出条，在根出条上又可形成新的丛枝。

3.防治妙招

（1）每年在桑寄生的果实成熟期，彻底砍除病枝条，并除尽根出条的组织内部吸根延伸的部分。

（2）采用硫酸铜、2,4-D等药液进行防治，有一定的效果。

十四、核桃膏药病

是我国核桃产区的一种常见树干和枝条上的病害，轻者枝干生长不良，重者死亡。除为害核桃外，也能为害栎、茶树桑、女贞、油桐、梅及杨属等多种木本植物。一旦发生防治不及时，传播蔓延速度较快，除治难度较大。

1.症状及快速鉴别

在核桃枝干或枝杈处产生一团平贴的"膏药"状圆形或椭圆形厚膜状子实体，菌丝体紫褐色，边缘白色，后变为鼠灰色，好似膏药伏在树干上面，"膏药"状物即病原菌的担子果。树皮上有白白的一片，病菌常与介壳虫共生，还有一层类似虫卵（图1-40）。

2.病原及发病规律

为茂物隔担耳菌，属担子菌亚门真菌。担子果平伏，革质，基层

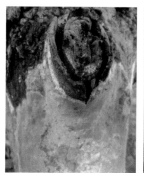

图1-40　核桃膏药病为害症状

菌丝层较薄，由褐色菌丝组成直立的菌丝柱，菌丝柱上部与担子果的子实层相连。子实层中产生原担子，原担子球形或近球形，直径8～10微米。原担子上再产生担孢子，隔膜3个，上生4个担孢子。担孢子无色，腊肠形，表面光滑。

　　病原菌常与介壳虫共生，菌丝体以树木皮层和介壳虫的分泌物为养料。介壳虫则以菌膜覆盖得到保护，在菌膜保护下繁殖、扩散。有利于病菌和介壳虫生长繁殖的阴湿环境及枝干背光处容易发生病害。病害高峰期为4～5月和9～10月。病原菌的菌丝体在枝干的表面生长发育，逐渐扩大形成"膏药"状的薄膜。病原菌的菌丝也能侵入到寄主皮层组织内直接吸收营养。担孢子通过介壳虫的爬行传播蔓延，以菌膜在树干上越冬。土壤黏重、排水不良或林内阴湿、通风透光不良等环境下发病重。

3.防治妙招

　　（1）**防治介壳虫**　对症下药，防虫控病。由于病菌体常与介壳虫共生，菌体以树木皮层和介壳虫的分泌物为养分，所以提倡防虫控病。一般选用松脂合剂，也叫松碱合剂，是用松脂（即未经脱脂的松香）＋纯碱或烧碱（即碳酸钠或苛性钠）＋水（松香、烧碱、水比例为3：2：10）熬制而成的一种黑褐色强碱性杀虫剂，杀虫主要成分是松香皂。一般在冬、春季核桃树休眠期兑水8～15倍；夏、秋季兑水20～25倍喷雾防治。也可用松脂酸钠，或20%石灰乳喷洒，在介壳虫卵盛孵期大部分若虫已爬出并固定在枝叶上时开始喷药，隔7～10

天再喷1次。冬季每500克松脂酸钠原液加水4～5升、春季加水5～6升、夏季加水6～12升，喷洒枝干，防治介壳虫若虫。

> **注意** 使用松脂酸钠防治核桃时要防止产生药害。①在下雨前后、空气潮湿时，炎热天的中午特别是在30℃以上高温时，核桃开花期和发芽期均不得用药。②松脂酸钠不能与有机磷、有机氯、波尔多液、石硫合剂、退菌特、代森锌等混用，以免引起药害。

（2）加强管理 调整种植密度。结合修剪去除病枝，或刮去病斑上的菌丝层（子实体和菌膜），并喷洒1∶1∶100的波尔多液，或在病膜生长处涂刷20%的石灰乳，或其他杀虫、杀菌剂。

十五、核桃腐朽病

多发生在核桃衰老树上为害树木的木质部，使其逐渐变色腐朽。

1.症状及快速鉴别

树皮变色，叶色变黄。一般为害木质部，初期病树表皮常无明显的症状表现，到采伐后才可见到，木质部已呈白色或褐色腐朽状。后期树干或大枝上都常产生不同形状、不同颜色的真菌子实体（图1-41）。

核桃木腐病为害核桃的木质部造成木质腐烂，被害部长出覆瓦状、灰白色小型子实体。核桃树的营养供应受到抑制，影响正常的生长发育，产量降低（图1-42）。

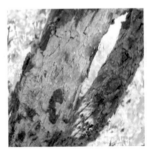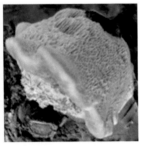

图1-41 木质部腐朽，手捏易碎　　图1-42 核桃树腐朽病伤口处长出子实体

2.病原及发病规律

为裂褶菌，属担子菌亚门、层菌纲、非褶菌目真菌。核桃腐朽病产生的子实体有两种：一种为真菌中担子菌亚门的普通裂褶菌；另一种为真菌中担子菌亚门的多毛不规则形菌体，菌管不等长，担孢无色，长圆形。

病菌以菌丝体在被害部病残体中越冬。翌年在适宜的环境下产生担孢子，主要借风雨传播，从伤口侵入为害。主要侵染生长势衰弱的树木，造成木质部腐烂。核桃园中土壤贫瘠、干旱、管理粗放、伤口多、树势衰弱，病害发生较重。园内湿度大，有利于病菌侵染、子实体产生和担孢子的传播，发病重。

3.防治妙招

（1）加强栽培管理　增施充分腐熟的有机肥或种绿肥，改良土壤。松土浇水，合理灌溉，防旱排涝，山区挖树盘蓄水保墒，注意果园排水措施，保持果园适当的温、湿度。及时防治病虫害。增强树势，提高树体抗病力。科学合理地整形修剪，改善树冠结构，提高光能利用率。剪除病残枝及茂密枝，结合修剪清理果园，将枯死病枝清除，减少病源。

（2）病树治疗　用刀刮除或划破病皮，深达木质部，再涂10～15倍液斯米康，或3～5波美度的石硫合剂，或2%硫酸铜液，或10%碱水（碳酸钠），或10%甲基硫菌灵，或多菌灵油膏等。

果树有感病伤口，用高浓度的杀菌剂涂抹或喷洒消毒，再涂波尔多浆保护。锯除枯死病枝，伤口可用愈合剂，或1%～2%硫酸铜溶液，或5～10波美度石硫合剂，或50%退菌特可湿性粉剂200倍液等杀菌剂涂抹，再用波尔多液保护。

十六、核桃根腐病

是核桃树的重要病害，在核桃产区普遍发生。核桃主根及侧根皮层腐烂，地上部枯死，甚至全树死亡。

1.症状及快速鉴别

在早春核桃树根部开始萌动后即可在根部为害，根部坏死，皮层易脱离（图1-43）。但地上部的症状要在萌芽后的4～5月才较为集中地表现出来。

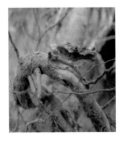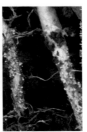

图1-43 核桃根腐病为害根系症状

病株地上部分的症状表现有以下几种不同类型。

（1）**萎蔫型** 病株在萌芽后整株或部分枝条生长衰弱，叶簇萎蔫，叶片卷缩，形小色浅，新梢抽生困难，有的甚至花蕾皱缩不能开放。或开花后不坐果，枝条呈现失水，甚至皮层皱缩，有时表皮还可干死翘起，呈油皮状。患病多年树势衰弱的大树多属萎蔫型。

（2）**青干型** 病株叶片骤然失水青干，在青干与健全叶肉组织分界处有明显的红褐色晕带，青干严重的叶片即行脱落。上一年或当年感病而且病势发展迅速的病株，在春旱加上气温较高时呈现青干型。

（3）**叶缘焦枯型** 病株叶片的尖端或边缘发生枯焦，而中间部分保持正常，病叶不会很快脱落。在病势发展较缓、春季又不干旱时，常表现出叶缘焦枯型。

（4）**枝枯型** 病株上与烂根相对应的少数骨干枝发生坏死，皮层变褐下陷，坏死皮层与好皮层分界明显，并沿枝干向下蔓延。后期坏死皮层崩裂，极易剥离，上部着生小黑点状真菌病症，枯枝木质部导管变褐，而且一直与地下烂根中变褐的导管相连接。在根部腐烂严重、大根已烂至根颈部时，常呈现枝枯型（图1-44）。

2.病原及发病规律

为镰刀菌，属半知菌亚门真菌。是土壤习居菌，可在土壤中进行腐生长期存活，同时也可寄生为害寄主植物。在核桃园里只有当根系衰弱时，才会遭受到病菌的侵染而致病。

图1-44　核桃根腐病为害地上部症状

病菌主要以菌核、厚垣孢子在土壤、病残体和带菌病根中越冬，为主要的初侵染源。翌年土壤温、湿度适宜时菌核萌发产生菌丝体，病菌在土壤中可随地表水流、耕地、除草或浇水等进行传播，菌丝在土中蔓延，侵染根部或根颈，随着接触到核桃根部直接侵入，或从伤口侵入。病害发生流行的主要因素是土壤温度和湿度，病菌喜高温，生长最适温度为25～30℃，高温、高湿是发病的重要条件。因此，病害多在高温多雨季节发生。

在酸性至中性、盐碱化、排水不良、水土流失严重、土壤含水量过高、过度干旱、肥力不足、黏重土壤板结通气不良时，易发病。土壤有机质丰富、含氮量高及偏碱性土壤中发病少。土壤湿度大有利于病害的发生，特别是在连续干旱后遇雨可促进菌核萌发，增加对寄主侵染的机会。连作由于土壤病菌积累多易发病。管理粗放、整地质量差、结果过多、大小年严重、杂草丛生以及地下害虫或其他病虫（尤其是腐烂病）为害严重等，导致果树根系衰弱的各种因素都是诱发病害的重要条件，均能引发或加重核桃根腐病的发生。栽植深，雨季来临后排水不好，根系长期积水造成死苗，这种现象在2～3年生的幼树常有发生，甚至比定植当年还要严重，到4～5年后很少发病。

3.防治妙招

（1）加强管理　增强树势，提高抗病力。苗木出圃时，要严格检查，发现病苗及时淘汰。栽植核桃苗时注意栽植深度，避免栽植过深。一般栽到根颈位置，接口要露出土面，以防病菌从接口处侵入。低

图1-45 起高垄栽植，防涝害

洼易涝地不要栽植核桃树。对于肥力不足、土壤黏重地块可起高垄栽植（图1-45）。另外，增施有机肥和草木灰，进行灌水，加强松土保墒，改良土壤物理特性，提高土壤肥力，促进土壤微生物活动，防止土壤板结，控制水土流失，加强其他病虫防治，合理修剪等。

（2）对发病植株及时采取补救措施，减轻发病，减少损失　剪去已干枯的果枝，减少水分蒸腾。刨根晾墒，开沟排水，促进根系通气。减少核桃树结果量，促进根系生长。春、秋季扒土晾根，可晾至大根，刮治病部或清除病根。晾根期间避免树穴内灌水或雨淋，晾7～10天刮除病斑后用药剂灌根，随后选择无病土壤进行覆盖。在根际土壤撒施草木灰、生石灰或适量硫酸亚铁，抑制病害发生。

（3）**药剂灌根**　已发生根腐病的植株要及时松土、晾根，结合50%多菌灵可湿性粉剂500倍液灌根。药剂灌根次数和时间以每年萌芽前和夏末进行2次效果最佳。

对树势极度衰弱者进行灌根，有效的药剂有3%恶霉·甲霜水剂500倍液＋生根粉（按说明的倍数使用），每株浇灌药液1～2千克。

十七、核桃白绢病

也叫核桃苗木菌核性根腐病。

1.症状及快速鉴别

通常发生在核桃苗木的根颈部或茎基部。在高温、高湿条件下，苗木根颈基部和周围土壤及落叶表面先出现白色绢丝状菌丝体，菌丝可逐渐向下延伸至根部。随后在菌丝体上产生白色或褐色油菜籽状的粒状物，初为白色，后转为茶褐色，即病原菌的小菌核。苗木根颈部皮层逐渐变成褐色，坏死，严重时皮层腐烂。苗木受害后影响水分和养分的吸收，导致生长不良，地上部叶片变小变黄，枝条节间缩短。严重时枝叶凋萎，当病斑环茎一周后，会导致全株枯死。有些树种叶片也能感病，在病叶片上出现轮纹状褐色病斑，病斑上长出小菌核，叶片逐渐凋萎脱落（图1-46）。

图1-46　白绢病为害症状

2.病原及发病规律

为齐整小核菌，属半知菌亚门属真菌，为根部习居菌。

主要以菌核在病株残体及土壤中越冬，也可在被害苗木及被害杂草上越冬。翌年土壤温、湿度适宜时菌核萌发产生菌丝体。病菌在土壤中可随地表水流进行传播，菌丝依靠生长在土中蔓延传播。侵染苗木根部或根颈，多从幼苗颈部侵入。病菌喜高温，因此病害多在高温多雨季节发生。5月下旬～6月上旬开始发病，7～8月气温上升至约30℃时为发病盛期，9月末停止发病。高温、高湿是发病的重要条件，气温30～38℃经3天菌核即可萌发，再经过8～9天又可形成新的菌核。

在酸性至中性、排水不良、肥力不足的黏重土壤中容易发病。土壤有机质丰富、含氮量高及偏碱性土壤中发病少。土壤湿度大有利于病害发生，特别是在连续干旱后遇雨，可促进菌核萌发，增加对寄主侵染的机会。连作地由于土壤中病菌积累多易发病。前作蔬菜、粮食等地块上育苗容易发病。苗圃地管理措施不当、整地质量差、播种过密、排水不畅、圃地杂草多、品种抗性差、耕作粗放，均能引发或加重病害的发生。根颈部受日灼伤害的苗木也易感病。

3.防治妙招

（1）精选圃地　避免病苗圃地连作。选排水好、地下水位低，以中性偏碱的土壤作为苗圃地为宜，并注意排水。多雨地区采用高床育苗，及时中耕，防止土壤板结。对酸性土壤应施入适量的石灰中和酸度，再作苗圃地。

（2）**晾土或客沙换土** 换土可每年进行1次，一般换1～2次即可见效。

（3）**种子消毒及土壤处理** 选用健康无病的核桃种子。播种前可用种子重量0.3%的退菌特，或种子重量0.1%的粉锈宁拌种；或30%菲醌粉剂0.2%～0.3%，或50%多菌灵粉剂0.3%拌种。也可用80%的402抗菌剂乳油2000倍液浸种5小时。对酸性土壤适当加入石灰或草木灰中和酸度，可减少发病。

（4）**合理施肥与灌溉** 增施充分腐熟的优质有机肥和草木灰，合理灌溉，促使苗木健壮生长，防止病害发生。

（5）**药剂灌根** 用1%硫酸铜，或甲基托布津可湿性粉剂500～1000倍液，浇灌病树根部，再用消石灰撒入苗茎基部及根际土壤。或用代森铵水剂（或可湿性粉剂）1000倍液浇灌土壤，对病害均有一定的抑制作用。

也可用金根腐病专用生物制剂，将1千克金根腐病专用生物制剂添加到2000千克水中进行滴灌，或按照3千克/667平方米进行灌溉。在发病初期可用80～100倍稀释液灌根。病害严重的地块可适当加大使用量。

注意 金根腐病专用生物制剂不可与杀菌农药一起使用；最好在2～6℃保存，气温超过25℃需冷链运输；购买后在阴凉、干燥、避光处贮存，取出后应及时使用。

（6）**清除侵染源和发病中心** 发现病株及时挖除，集中烧毁，防止病害蔓延。对无病苗木可在根际土壤撒草木灰、石灰或适量硫酸亚铁，以抑制病害的发生。

十八、核桃根癌病

也叫冠瘿病、根瘤病、黑瘤病、肿瘤、肿根病及根头癌肿病。

1.症状及快速鉴别

主要发生在幼苗和幼树干基部和根颈部，侧根和直根也可发生。

发病部位开始产生乳白色或略带红色的小瘤状物，质地柔软，表面光滑，很难与愈伤组织区分。但较愈伤组织发育快，后期逐渐增大形成大瘤，瘤的直径最大可达30厘米，癌瘤呈深褐色的球形或扁球形，木质化，质地坚硬，瘤表面粗糙或凹凸不平并龟裂（图1-47，图1-48）。

受害树木生长衰弱，如果根颈部和主干基部上的病瘤环绕一周，核桃树生长趋于停滞，叶片发黄早落，甚至枯死。

图1-47　核桃根癌病为害症状

图1-48　核桃根癌病病瘤

2.病原及发病规律

为癌肿野杆菌属中的根癌土壤杆菌，属细菌。

病原菌栖息在土壤及病瘤的表层，在癌瘤组织的皮层内越冬，或依附病残根在土壤中的寄主残体内，也可在根瘤破裂蜕皮时进入土壤中越冬。可存活1年以上至2年以下，2年内得不到侵染机会即失去生活力。可通过带病苗木、插条、接穗或幼树等人为进行传播。在土壤中也可通过灌溉水、雨水及蛴螬、蝼蛄、线虫等地下害虫活动自然传播。在寄主细胞壁上有一种糖蛋白是侵染附着点，嫁接、害虫和中耕造成的伤口均可引起病害侵染。带病苗木调运是远距离传播的重要途径。病菌从伤口侵入寄主后潜育期几周至1年以上，刺激周围细胞迅速分裂产生大量的分生组织，形成癌肿症状。

土壤潮湿或微碱性，土壤黏重、排水不良的圃地，以及切接的苗木，幼苗上发病多亦重。地下害虫为害造成伤口增加病菌侵入机会，发病也重。病害发展较快，从侵入到显现症状需2～3个月。

3. 防治妙招

（1）加强苗木检疫。

（2）选用未感染病害、土壤疏松、排水良好的沙壤土地块育苗。如果圃地已被病原菌污染，可用硫酸亚铁或硫黄粉5～15千克/667平方米进行土壤消毒。

（3）如果在定植的植株上发现病瘤，在寄主植物生长期间对初发病的带病植株，应彻底切除病瘤，也可轻轻将瘤掰掉，或拔除病苗销毁。伤口应涂上石硫合剂，或波尔多浆，刮下的病瘤应随即带出园外集中烧毁。

（4）有培育前途的核桃大树发现癌瘤后，可用利刀将其切除或掰掉，切下的病组织集中烧毁。用1%硫酸铜溶液，或2%石灰水消毒伤口，再用波尔多液保护。

十九、核桃根朽病

全国各地都有发生和为害，是一种常见的根部病害。引起根部腐朽，地上部枯萎，叶片变黄早落。除为害核桃外，还为害其他许多果树和林木。

1. 症状及快速鉴别

受害核桃树的根颈及根部皮层腐烂，木质部呈白色海绵状腐朽，并发出蘑菇香味。夏秋季节在腐朽根上及其附近地面上，生长出成丛的米黄色小蘑菇子实体（图1-49）。

图1-49　根朽病为害症状

2.病原及发病规律

为密环菌，属担子菌亚门真菌。

病原菌栖息在土壤及病瘤的表层。可通过带病苗木、插条、接穗或幼树等人为传播，也可通过灌溉水、雨水、地下害虫等自然传播。常以菌索在病瘤中、土壤中的寄主残体内或树桩上越冬。条件适宜时形成子实体，产生大量担孢子借气流传播，从伤口侵入。

一般核桃园内积水，树势衰弱，有利于密环菌的发生。在微碱性、土壤黏重、排水不良的圃地发病严重。病害发展较快，从侵入到显现症状需2～3个月。

3.防治妙招

（1）及时采集密环菌病菌子实体，可以减少发病来源。

（2）发病植株应截除病根烧毁。严重时应连根挖除，病穴内消毒。更换新土后再行补植。

（3）雨后应及时排除积水。

二十、核桃根结线虫病

1.症状及快速鉴别

核桃苗木根部受害后，先在须根及根尖处产生小米粒或绿豆大小的瘤状物，随后在侧根上也出现大小不等的近圆形根结瘤状物。表面褐色至深褐色，粗糙，瘤块内部有白色颗粒状物1至数粒，即为病原线虫的雌虫。发病轻时地上部症状不明显。严重发生时根部根结量增多，瘤块变大、发黑、根结腐烂，根系根量明显减少，须根不发达，地上部的叶片黄萎，甚至整株死亡（图1-50）。

图1-50　根结线虫及为害状

2.病原及发病规律

为根结线虫。根结线虫的生活史中有成虫、幼虫和卵3个阶段。雌成虫梨形，雄成虫线形，幼虫豆荚形，卵长圆形，一年可繁殖数代。

以雌虫、幼虫和卵在根结内或遗落在土壤中越冬，随着苗木、土壤、粪肥和灌溉水传播。2龄幼虫侵染后在根皮和中柱之间为害，并刺激根细胞组织过度增长形成根结。一个生长季节可进行多次侵染。根结越多发病越重。

成虫在地温25~30℃、土壤湿度约40%时生长发育最快。幼虫一般在10℃以下即停止活动。1年可侵染数次。感病作物连作期越长根结线虫越多，发病越重。

3.防治妙招

（1）严格进行苗木检查，拔除病株并烧毁，选用无线虫土壤育苗。

（2）选用不感染线虫的作物轮作1~2年。避免在种过花生、芝麻与楸树的地块上育苗。进行土壤深翻，或放水淹没地块约2个月可减轻病情。

（3）药剂防治。用80%二溴氯丙烷乳油1~1.5千克/667平方米，加水75升，均匀施于沟内，沟深约20厘米，沟与沟之间距离约33

厘米。施药后将沟覆土踏实，隔10～15天后在施药沟内播种。或用75%棉隆可湿性粉剂1千克 /667平方米，加水150升，在核桃树根系60厘米以外的地方挖沟，将药液施入沟内然后填土踏实。

用10%克线磷颗粒剂3000～5000克/667平方米均匀撒施在树下3～5厘米深的松土中。苗木移栽后用10%的杀线威颗粒剂1330克/667平方米，施于条沟中，然后均匀翻土。

第二章

核桃主要非传染性病害的
快速鉴别与防治

一、核桃缺素症

果树营养缺乏症是果树体内营养不良的外部表现。果树出现生理病害时，一定要根据缺乏症状，准确判断缺什么营养元素，然后及时对症施肥。大量营养元素的缺乏症状一般首先出现在植株下部老叶上；微量营养元素缺素症多发生在植株上部新叶。

（一）缺锌症

也叫核桃小叶病。

1.症状及快速鉴别

夏季涝灾后或雨量大时发生较多。病梢发芽较晚，新发病枝节间变短。典型症状是簇叶和小叶，叶呈浅绿色，变黄卷曲，叶片春季健壮，后畸形变小，叶片硬化，逐渐枯死。严重时叶片全部变成浅红色，畸形变小，全树叶片小而卷曲，生小叶的枝条顶端枯死。有的受害树木在春季表现正常，生长仍健壮，夏季以后部分叶片才开始出现缺锌症状。

2.主要病因及发病规律

是由于石灰性土壤，或酸性土壤施用了石灰，降低了土壤中锌的可供给性，降低了土壤中有效锌的含量。高磷土壤或施磷肥过量、土壤pH值高、极酸性土壤与沙质土壤、土壤中缺铜和缺镁，都会引起缺锌。修剪过重、负载过大或伤根过多，可引起缺锌。光照越强果树对锌的需要量越多，在同一株树上阳面叶片的缺锌症状比阴面更为明显。夏季雨水多排水不及时，导致土壤中可供锌量减少。

3.防治妙招

砂地、盐碱地及易缺锌的土壤，要注意改良，增施有机肥。核桃园中种植吸收锌能力强的紫花苜蓿等绿肥植物，可以吸收利用土壤中难溶的锌。生长期再将绿肥收获后覆盖在核桃园行间，提高土壤中的有效锌含量。

发芽前10～40天可喷4%～5%的硫酸锌液，或在叶片伸展后至正常大小的1/4～3/4时，盛花期后约3周喷施浓度为0.3%～0.5%的硫酸锌＋0.3%的尿素，隔15～20天再喷1次，共喷2～3次，防治效果可以维持数年。

每隔2～3年依据树体大小，在秋施基肥中将定量硫酸锌施在距树干70～100厘米，深15～20厘米的沟内，用量为2千克/667平方米。

（二）缺铜症

1.症状及快速鉴别

常与缺锰病同时发生。初期叶片出现褐色斑点，引起叶片黄化早衰，早黄早落，顶芽和顶梢枯死，病情逐渐向新梢中下部蔓延。在当年或翌年春季经常从枯死部位以下发出许多呈丛状新枝。但这些新枝也会因缺铜而产生枯顶、树皮粗糙和木栓化。果实及核桃仁萎缩。小枝的表皮产生黑色斑点。严重时枝条枯死。

2.主要病因及发病规律

是由于在碱性、石灰性土壤或沙性土壤中，有效性铜的含量较低。土壤中含氮、磷、钙、铁、锌、锰过多时，也易缺铜。

3.防治妙招

增施有机肥，改良土质。结合秋施基肥，间隔3～5年在距树干约70厘米处，开20厘米深的沟，施入硫酸铜液，每株用量0.5～2千克。

春季展叶后可喷波尔多液，或直接喷0.3%～0.5%硫酸铜溶液，或在休眠期喷洒硫酸铜500～1000倍液，花后喷洒硫酸铜2000倍液。

（三）缺硼症

1.症状及快速鉴别

主要表现为小枝顶梢枯死，并从枯死部位下方长出许多侧枝，呈丛枝状。小叶叶脉间出现棕色小斑点，小叶易变形，幼果容易脱落。

2.主要病因及发病规律

对酸性土壤用石灰量过大，使硼呈不溶解状态，有效性降低。土壤瘠薄、干燥或偏碱，以及土壤中含钙、钾、氮多时，均易缺硼。

3.防治妙招

避免过多施用石灰等肥料和钾肥。冬季结冻前的秋冬季节结合施基肥，环状开沟施入硼砂0.2～0.35千克，施后灌水。在萌芽前、花前或盛花期等生长期喷0.1%～0.2%的硼酸溶液，也可在幼果期喷施，每隔15天喷1次，连续2～3次。

注意 硼过量也会出现中毒现象，其树体表现与缺硼相似，要注意避免施硼过多。

（四）缺锰症

1.症状及快速鉴别

表现为新梢上部叶片失绿，叶脉之间浅绿色，呈绿色网纹状。后期仅中脉保持绿色，叶片大部黄化呈黄白色。严重时叶肉和叶缘发生焦枯斑点，易早期落叶。新梢生长矮小，直至死亡。

2.主要病因及发病规律

土壤呈碱性、干旱或偏施磷肥，易缺锰。

3.防治妙招

及时进行叶面施肥，喷洒0.3%的硫酸锰溶液；或用0.5千克的硫酸锰加水25升，在叶片接近停止生长时喷施；也可土施硫酸锰，用量1～4千克/667平方米。

（五）缺铁症

也叫黄叶病、黄化病、白叶病，是偏碱性土壤的常见病。

1.症状及快速鉴别

先从嫩叶开始，老叶仍保持绿色，叶片黄化或白化，叶色逐渐变白但叶脉仍保持绿色。新梢节间短，发枝力弱。严重时全叶黄白色，叶脉间出现部分黄褐色枯死斑，沿叶缘变黄褐色枯死，顶梢叶片枯焦，但下部叶色正常。以春梢、秋梢迅速生长期症状明显。新梢停止生长期叶色逐渐恢复，新梢顶端可抽出少量失绿新叶。病树易感染其他病害，易受冻害及早衰。数年后树冠稀疏，树势衰弱，导致全树死亡（图2-1）。

图2-1　缺铁性黄叶病与正常叶片对比

2.主要病因及发病规律

土壤偏碱性或含有碳酸钙过多，使土壤中的铁元素由可溶性变为不可溶性形态，核桃树吸收铁素数量不足，体内生理状态失去平衡，叶绿素合成受阻，表现黄化病。生长前期水分过多，氧气不足，土壤温度过高或过低，根系不发达，减少了小根数量，不能很好地吸收铁元素。土壤pH值高、碱性土壤、石灰含量高或土壤含水量高，均易造成缺铁发病。磷肥、氮肥施入过多，可导致树体缺铁。另外，铜不利于铁的吸收，锰和锌过多也会加重缺铁失绿。

核桃园施肥少或仅追施氮肥、土壤缺磷、黏土低洼地、春季多雨、入夏干旱高温、幼苗受旱、根系分布浅等，核桃树易表现缺铁黄化病。

3.防治妙招

（1）增施铁肥　增施农家肥等有机肥，增加土壤中有机质含量，改良土壤结构及理化性质，盐碱地注意做好浇水洗盐工作，可使土壤中的铁元素变为可溶性的，以利于核桃吸收铁。或用硫酸亚铁与农家肥混合施用，捣碎粗肥，混合均匀，开沟施入树盘下，一般10年生结果树株施约250克，用量为5～10千克/667平方米。注意各营养元素的平衡关系，容易缺铁的果园要注意控制氮肥与磷肥的施用量。酸性土壤施石灰不要过量，过量的钙会引起缺铁失绿症状。

（2）树干注射及土壤浇灌　对黄化的核桃树可用含硫酸亚铁1.5%＋硫酸镁0.5%＋尿素5%的溶液进行树干注射，或用1∶30的硫酸亚铁土壤浇灌，均可收到明显的效果。

（3）喷施含铁剂　在发芽前，对发病严重的黄化树木可喷洒0.3%～0.5%硫酸亚铁溶液。或在生长期叶面用0.1%柠檬酸铁液，或0.1%硫酸亚铁液喷洒。春季生长期发病可喷0.3%硫酸亚铁＋0.3%～0.5%尿素混合液2～3次，或喷0.5%黄腐酸铁溶液2～3次。

（六）缺氮症

1.症状及快速鉴别

枝条变硬，新梢生长短。严重缺氮时新梢停止生长，细弱而硬化，皮部呈浅红色或淡褐色。新梢下部老叶失绿变黄，叶柄、叶缘和叶脉有时变红，后期脉间叶肉产生较多的红棕色斑点。发病严重时叶肉呈紫褐色坏死，叶肉红色斑点是缺氮的特征。严重缺氮时全树矮小，花芽较正常株少，花少，坐果少，果实小，但果实早熟。

2.主要病因及发病规律

管理粗放，杂草多，氮肥施用不足或施肥不均匀，是造成缺氮的主要因素。在秋梢速长期或灌水过量时也易发生缺氮。

3.防治妙招

秋季多施有机肥。如发现缺氮，应及时追施速效氮肥。也可用尿素进行叶面喷施，生长前期喷洒200～300倍液尿素液，秋季喷洒30～50倍尿素液。

（七）缺磷症

1.症状及快速鉴别

枝条纤细，直立，分枝较少，呈紫红色。初期全株叶片呈深绿色。严重缺磷时叶片转青铜色或发展为棕褐色或红褐色。新叶较窄，基部叶片出现绿色和黄绿色相间的斑纹。开花展叶时间延迟，花芽瘦弱且少，坐果率低。果实成熟期推迟，果个小，品质差。树体生活力下降，生长迟缓。

2.主要病因及发病规律

土壤中缺少磷元素或缺少有效磷。土壤水分少，pH值过高时易出现缺磷。土壤施钙肥过多，偏施氮肥，易出现缺磷。

3.防治妙招

秋后施基肥时，在有机肥中混入过磷酸钙。土壤酸性高引起有效磷不足的，可通过施石灰来增加有效磷含量。对碱性或石灰性土壤可施用生理酸性肥料或有机肥等，增加土壤有效磷。也可用1%过磷酸钙浸出液进行根外追施。

（八）缺钾症

1.症状及快速鉴别

因为钾在植株体中容易被再利用，所以缺钾症状首先从较老叶片上出现，新叶上后出现症状。一般表现为最初老叶叶尖及叶缘发黄，以后黄化部分逐步向内伸展，主脉皱缩、叶片上卷，同时叶缘变褐焦枯，似灼烧，叶片出现褐斑，病变部与正常部界限比较清楚。尤其是

图2-2　缺钾老叶边缘发黄

供氮丰富时健康部分绿色深浓，病部赤褐焦枯，反差明显。生理落果严重，树势明显衰弱，严重时全树萎蔫（图2-2）。

2.主要原因及发病规律

主要是缺钾。核桃管理较粗放，地温偏低、土壤酸性、土壤过湿或有机质含量少，易缺钾。结果过多，氮、钙、镁施用量过多易造成缺钾。光照不足会阻碍果树对钾的吸收。

如果土壤pH值偏高，石灰含量高或土壤含水量高，容易造成缺铁性黄叶。有时发生药害、施肥不当，也会引起黄叶。要仔细辨别，不一定是缺钾。

3.防治妙招

结合深翻，每株秋施有机肥40～50千克。在春季核桃芽萌动期

结合灌水，每株施草木灰20～30千克。在花期、展叶期和果实膨大期各喷施1次10%～20%的草木灰浸出液，或0.3%～0.5%的磷酸二氢钾，满足核桃树对钾肥的需求。对弱枝和后部光秃枝进行适当回缩修剪，对短枝、过密枝，采取疏截等修剪措施。

（九）缺钙症

1.症状及快速鉴别

幼树的根尖生长停滞，皮层仍继续加厚。严重缺钙时幼树逐渐死亡，在死根附近又长出许多新根，形成粗短多分枝的根群。初期幼叶除叶缘、叶尖为浅绿色外，其余部分均呈深绿色。发病后期幼叶变黄，叶缘、叶尖或叶脉附近出现红褐色坏死斑，有时变形并大量脱落，造成枝梢顶枯。

2.主要病因及发病规律

土壤pH值偏高或偏低，土壤中氮素过多，易发生缺钙。夏季高温，植物对钙的吸收能力降低，不能满足核桃树快速生长对钙的需求。

3.防治妙招

（1）增施充分腐熟的优质有机肥。

（2）合理整形修剪。

（3）花后2周可喷氨钙宝600～800倍液，或氨基酸钙600～800倍液。全年连续喷施3～4次。

（十）缺镁症

1.症状及快速鉴别

缺镁时的失绿症是先从枝上的基部叶开始。初期成熟叶片中脉两侧脉间失绿，失绿部分由淡绿变为黄绿直至紫红色斑块，但叶脉、叶缘仍保持绿色，呈"肋骨状"失绿。缺镁中、后期，失绿部分会出现不连续的串珠状，顶端新梢的叶片上也出现失绿斑点，枝条上部的叶呈深棕色。严重缺镁时叶片中部脉间发生区域坏死，可产生枯死斑，界限清楚。从新梢基部叶片枯萎脱落后再向上部叶片扩展，最后只剩下顶端少量薄而淡绿的叶片。由于镁在树体内能够循环再利用，缺镁严重而落叶的植株仍能继续生长。

2.主要病因及发病规律

主要是由于土壤中置换性镁不足，根源是有机肥质量差、数量少，肥源主要靠化学肥料，造成土壤中镁元素供应不足。在温暖湿润、高淋溶的沙质及酸性土壤，质地粗的河流冲积土，花岗岩、片麻岩、红色黏土发育的红黄壤，含钠量高的盐碱土及草甸碱土，土壤中镁元素较易流失，易发生缺镁症。所以，缺镁症在我国南方的核桃园发生较普遍，碱性土壤中很少表现缺镁。偏施铵态氮肥、过量施用钾肥或磷过多，会影响镁的吸收。大量施用硝酸钠及石灰等，均容易出现缺镁。夏季大雨后缺镁更为显著。

3.防治妙招

通常采用土壤施用或叶面喷施氯化镁、硫酸镁、硝酸镁的方法。轻度缺镁采用叶喷效果快，严重缺镁时以根施效果好。

（1）**核桃树定植时要施足充分腐熟的优质有机肥**　对成年树应在冬前开沟增施优质有机肥料，加强土壤管理。缺镁严重的核桃园应适量减少速效钾肥的施用量。

（2）**根施**　根施效果慢但持效期长。酸性土壤中为了中和酸度，可施镁石灰或碳酸镁。中性土壤中可施硫酸镁，土施每株0.5～1千克。严重缺镁的核桃园可施硫酸镁100千克/667平方米。

（3）**叶喷**　开始出现轻度缺镁症状时（一般在6～7月）叶面喷施0.2%～0.3%的氯化镁、硝酸镁或硫酸镁，每年3～5次，效果快，可减轻病情。

> **提示**　用氯化镁或硝酸镁，作用比硫酸镁大，效果好。但要注意浓度，避免产生药害。

二、核桃日灼病

1.症状及快速鉴别

果实轻度日灼，果皮上出现黄褐色圆形或梭形病斑，有的斑块较大。严重日灼时斑块变黑，病斑可扩展至果面的一半以上，并凹陷。果肉干枯粘在核壳上，引起果实发育不良或早期脱落。

受日灼的枝条表皮干枯，半边干枯或全枝干枯死亡。

受日灼的核桃果实和枝条，容易引起细菌性黑斑病、炭疽病、溃疡病，如果同时遇到阴雨天气，灼伤部分还常起链格孢菌的腐生（图2-3）。

图2-3　日灼病为害果实及叶片

2.病因及发病规律

由于高温烈日暴晒引起的生理性病害。特别是天气干旱、缺水，又受强烈日光照射，导致果实的温度升高，蒸发消耗的水分过多，果皮细胞遭受高温灼伤。

一般在高温季节容易发生，各地都有不同程度的发生和为害。特别是在果实膨大期向阳面日灼发生较多，为害严重。夏季如果遇到连日晴天，阳光直射温度高，常引起果实、叶片和嫩枝发生日灼病。

3.防治妙招

合理修剪，适度多留枝叶，冬季树干涂白。夏季高温期间旱季应在核桃园内定期浇水，降低温度，提高湿度，调节改善果园内的小气候，可减少发病。或在高温出现前喷洒2%（50倍）的石灰乳液，可降低果面温度，减轻为害。

三、核桃水涝

1.症状及快速鉴别

以幼树为害严重。一般3年生以下核桃树叶片枯萎，看上去好像是病害，实际是雨水多水涝所致（图2-4～图2-6）。

图2-4 涝害造成叶片枯萎

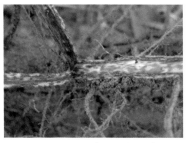

图2-5 涝害后根部伤害　　　　图2-6 积水造成死苗

2.病因及发生规律

由于栽植深，雨季来临后排水不好，根系长期积水造成死苗。这种现象在2～3年生的幼树上常有发生，甚至比定植当年还要严重。到4～5年后很少发生涝害。

3.防治妙招

雨季注意排水。可在核桃树树盘上前方挖一"八字"沟，将多余的雨水排出去。

提示 涝害经常严重发生的地方，可起高垄栽植，防涝害效果好（图2-7）。

图2-7 建核桃园时起高垄栽植防涝害

四、核桃幼树冻害及抽条

1.症状及快速鉴别

核桃新栽幼树常由于管理不善，枝条组织发育不充实，经过冬季严寒受冻和早春温度的变化，枝条大量失水，由上向下逐渐干枯，这种现象称为"抽条"（也叫灼条）。幼树自然生长越冬防护不到位时，经常表现地上部干枯后，下一年再从根部萌生枝条，然后再抽条，年复一年，不能快速形成树冠，严重影响了幼树成形和提早结果（图2-8，图2-9）。

图2-8　低温冻害　　　　　　图2-9　核桃幼树抽条症状表现

因此，在定植后1～2年内要根据当地的具体情况，进行幼树防寒和防抽条工作，加快形成树冠，及早成形。

2.病因及发病规律

冻害是指果树在越冬期间遇到0℃以下的低温或剧烈变温或较长期处在0℃以下的低温中，造成果树冰冻受害现象。冬季果树进入休眠期后树干、大枝的抗冻能力很强。但冬季出现异常低温时树皮相对较薄的小枝常发生低温冻害，轻者髓部变褐色死亡，重者木质部和树皮变褐枯死。花芽受冻变褐。有时冬季气温降至-25℃以下大枝树皮也会被冻伤，变褐，枝条枯死。

抽条是由于春季土壤开始解冻前后气温上升很快，如果遇到大风及空气干燥，枝条水分蒸发量大，而树下土壤湿度大或根系较深，根层所在位置的土壤尚处于结冰状态，不能充分吸收水分供给地上部开始活动的枝条，造成树上皮薄、细嫩的枝条皮层严重失水和皱缩，变成紫褐色或暗紫色，韧皮部和木质部发白、发干，后期枝条干枯死亡，不能发出新的枝叶。

3.防治妙招

（1）摘心　生长强旺新梢在8月份进行摘心促进新梢充实，提高枝条成熟度能保证树体安全越冬。秋梢生长期短缺少营养积累，枝条发育不充实不利于安全越冬。要在7月底～8月初及时摘心，摘心后又长出新梢到8月底～9月上旬还没有及时停长的应再次摘心（图2-10）。

新梢第一次摘心　　　　　　　　　　　　　新梢第二次摘心

图2-10　新梢反复摘心

（2）**增施磷、钾肥**　幼树多施有机肥和磷、钾肥，使枝条充实提高抗寒性。2～3年生的幼树在萌芽前每株追施尿素0.1～0.3千克，待新梢长到15～20厘米时再追施尿素1次，促进核桃树迅速生长。到6月上旬结合摘心再追1次尿素。7月上旬开始不再追施氮肥，要追1～2次磷、钾肥。从7月下旬开始叶面喷0.3%施磷酸二氢钾＋15%多效唑300倍液2～3次，使枝条充实健壮。在秋季落叶前后每株沟施20～30千克的有机肥防止枝条徒长，以利安全越冬。

（3）**埋土防寒**　冬季土壤封冻前对细小易弯曲的1～2年生小幼树，在冬季严寒到来之前，将幼树轻轻弯倒使顶部接触地面，然后用湿土、细土埋好，埋土厚度视当地气候条件而定，一般为20～40厘米，踏实后再覆5厘米干细土，防止水分蒸发。翌年春季土壤解冻后至发芽前（当地杏花开时）气温转暖后及时撤去防寒土，挖出苗木并将幼树扶直。此法是防止抽条最有效、最可靠的措施（图2-11，图2-12）。

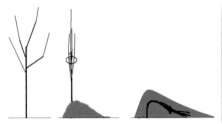

图2-11　埋土防寒示意图

图2-12　埋土防寒实况图

提示　埋土防寒时，在苗木基部先做好"土枕头"再埋土，防治将苗木折断。山坡地，苗木向山顶高处弯曲，平地苗木向南方弯曲，使弯折的伤口留在北面，防止腐烂病发生。

（4）**套袋装土**　对弯倒有困难，既粗又矮的幼树，或不易弯倒的树苗，在严寒来临之际，在核桃树干周围培土，外套直径为20～40厘米的蛇皮袋，里面装湿土，越冬防寒效果很好（图2-13，图2-14）。

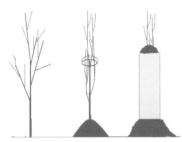

图2-13　套袋装土示意图

图2-14　套袋装土防寒实况图

（5）**培土、缠地膜**　对于弯倒有困难的粗壮幼树，可采用培土、缠塑膜、缠纸、包草（干的水稻、麦草、谷草或秸秆）等方法，严实地将核桃幼苗包裹起来进行越冬防寒保护。在苗木基部40厘米的范围内培1个土堆，以防冻伤根颈及嫁接口。翌年春季气温回升且稳定后去掉埋土，整平树盘（图2-15～图2-17）。

图2-15　缠报纸防寒　　图2-16　缠塑膜防寒　　图2-17　缠纸后培土堆40厘米

图2-18　废棉布包裹和专用防寒材料防寒

提示　防寒时先培土、再缠报纸，外缠塑膜，应用广泛效果好。新嫁接的嫁接口尚未完全愈合，更要特别注意加强防寒，可用废棉布包裹或用外为布条内为泡沫的专用防寒材料防寒（图2-18）。

（6）**幼树涂白**　三年生以上的粗壮幼树过冬，树干要涂白保护，将幼树全刷白，是一项简便易行且十分有效的防寒措施。当霜冻来临时全部幼树安然无恙，不会被冻死。涂白剂的常见配制方法：食盐1千克、生石灰5千克、清水15千克，再加入适量的粘着剂和石硫合剂的残渣等杀虫灭菌剂，进行树干、大主枝涂刷（图2-19）。

（7）**涂保护剂**　常用的保护剂为2%～3%的聚乙烯醇，也可用100～150倍的羧甲基纤维素，或5～10倍的石蜡乳剂。

在11月下旬和2月中下旬各涂1次聚乙烯醇防冻剂，将全树主干及分枝上涂严。防冻剂的配制方法一般采用聚乙烯醇与水比例为

图2-19 核桃树干涂白

1:（15~20）进行熬制，先将水烧至约50℃，然后加入聚乙烯醇，随加随搅拌直至沸腾，然后用文火（即小火、慢火）熬制20~30分钟后即可，待温度降到不烫手后使用。此法适用于主干较粗不易弯倒的1~2年生树，也可以在上冻前和春节后各喷1次1%~2%的聚乙烯醇（图2-20，图2-21）。

图2-20 涂抹聚乙烯醇

图2-21 喷聚乙烯醇

提示 熬制聚乙烯醇不能等水烧开后再加入，否则聚乙烯醇不能完全溶解，涂抹不均匀影响效果。

注意 核桃防寒禁止涂凡士林，凡士林对枝条有腐蚀作用，涂到哪里枝条死到哪里，切忌使用（图2-22）

五、核桃落花落果

核桃落花落果现象比较严重，在很多核桃园中相当突出，即使喷

图2-22　涂凡士林后，涂到哪里，枝条抽条干枯到哪里

施保花保果的调节剂，也收效甚微，严重影响了核桃产量。

1.落花落果原因

（1）**病虫为害严重**　病虫为害严重，直接消耗了核桃树的大量养分，从而导致花果养分供应不足，造成落花落果。

（2）**土壤脱肥**　土壤施肥量不足，或偏施某些肥料，都会导致土壤脱肥，进而表现为果树缺素症。大多数果农比较重视氮、磷、钾肥的配合施用，但对一些中、微量元素肥料却容易忽视，如硼、铁、钙等，而这些微量元素对果树的保花稳果具有重要的作用。

（3）**施用了果树过敏的药剂与肥料**　核桃树对一些药剂和肥料比较敏感，一旦施用会造成药害和肥害，导致落花落果。

（4）**土壤干旱缺水**　由于生态环境的严重破坏，全球气温普遍升高，干旱缺水现象越来越严重，必然导致严重落花落果。

（5）**花期雨水偏多**　尤其是南方在开花期易遇上较长时间的持续阴雨天气，这对花粉的生命力影响较大，使较多的花朵提早脱落。此外雨水过多还会造成土壤过湿，影响根系对土壤养分的吸收，加重落花的发生。

（6）**疏花疏果差**　很多果农看到满树的花果舍不得疏，或只疏除极少一部分，使得过多的花果消耗养分过多，当果树中的营养满足不了花果生长发育需要时，花果就会自然大量掉落。

（7）**夏剪不当**　主要是对夏梢控制不力。夏季气温高肥效来得快，核桃树很易抽发夏梢。成年树在开花结果期既要长花果又要长夏梢，营养生长和生殖生长同步进行，两者之间矛盾比较突出。此时如果对夏梢控制不力，夏梢过多抽发消耗了大量养分，就会造成落花落果。

（8）**花期施肥用药不当**　花期气温过高时进行喷药或叶面追肥，均易造成药害和肥害，使花朵失水焦花脱落。花期喷施药剂或肥料的浓度过大也易造成落花。核桃树开花期过多地使用杀虫剂会杀死许多昆虫，影响昆虫的传花授粉，加重核桃树的落花落果。

2.防控措施

（1）**加强病虫害防治**　根据病虫害发生为害规律认真搞好病虫防治，减轻为害，将病虫消耗的养分尽可能地控制在最低限度。

（2）**合理施肥**　以有机肥为主，化肥为辅，适当追肥，注意氮、磷、钾肥的配方平衡施用，并重视使用微肥和菌肥。不要施用核桃树敏感的药剂与肥料。

（3）**科学灌、排水**　一般在萌芽期、开花期和幼果膨大期3个时期需水量较大，应及时灌水，可结合施肥一起进行。注意晴天要在早上或傍晚进行，不要在中午高温烈日下灌水。此外，当土壤呈现干旱迹象时也应及时灌水。干旱山区最好用抗旱剂增强果树的抗旱能力。如果降雨过多引起园内积水，应及时疏通园内排水沟，避免产生涝害。

（4）**疏花疏果**　对花果量太多的必须进行疏花疏果，疏留的花果量应根据具体的树势来确定，不能过多或过少。也不能只疏1次就定果，一般要疏2～3次再定果较佳。

（5）**夏剪控梢**　可用多效唑兑水喷雾，或采取新梢摘心的方法来控制夏梢的快速生长，控制夏梢无效消耗养分，集中养分供应花果生长发育。

（6）**正确喷药，施肥**　核桃树开花期应尽量减少杀虫剂的使用，喷药和根外追肥时不宜在高温下进行。并且农药和化肥的浓度不能过大。

（7）**喷施保花保果促进剂**　在果树花期和幼果期使用"九二〇"（赤霉素）或细胞分裂素兑水喷雾，注意应根据核桃树种类和具体施药时间来确定药剂的使用浓度。

注意　不用2,4-D来保花保果，虽然价格便宜但副作用较大，很不安全，使用时稍有不慎就会造成药害，反而会加重落花落果。

第三章

核桃常见虫害的快速鉴别与防治

核桃食叶害虫主要有核桃缀叶螟、木橑尺蠖、刺蛾、大袋蛾、核桃瘤蛾、水青蛾、核桃扁叶甲、栗黄枯叶蛾、核桃鞍象、铜绿金龟子等。吸食害虫主要有桃介壳虫、草履介壳虫、核桃蚜虫、大青叶蝉、山楂红蜘蛛等。钻蛀性害虫主要有核桃举肢蛾、桃蛀螟、核桃长足象、核桃横沟象、云斑天牛、桑天牛、核桃小吉丁虫、黄须球小蠹、芳香木蠹蛾、六星黑点蠹蛾、黑翅土白蚁等。

一、核桃缀叶螟

也叫缀叶丛螟、木橑黏虫，为鳞翅目、螟蛾科、缀叶丛螟属。

1.症状及快速鉴别

以幼虫为害核桃叶片，受害叶片多位于树冠上部及外围，容易发现。树体被害后枝残叶碎，结网卷叶，布满虫粪，冠顶光秃，形似火烧，枝条上留下很多雀巢般的虫窝。发生严重的年份几天之内可将树叶全部吃光，严重影响树势及果实正常生长发育（图3-1，图3-2）。

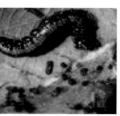

图3-1　核桃缀叶螟幼虫及为害状

图3-2　叶片被吃光，依然顽强的结果并成熟，但比正常的果小一半

2.形态特征

（1）成虫　体长14～20毫米，翅展35～50毫米，全体黄褐色。前翅色深，栗褐色，稍带淡红褐色，有明显的黑褐色内横线及曲折的外横线（图3-3）。

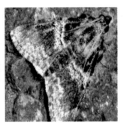

图3-3　核桃缀叶螟成虫

（2）卵　卵粒片状，椭圆形，长径0.8毫米，短径0.6毫米，肉红色。

（3）幼虫　老熟幼虫体长20～40毫米。头壳宽约3毫米，头部黑褐色有光泽。前胸背板黑褐色，中间有1条浅色纵沟（图3-4）。

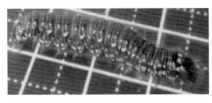

图3-4　核桃缀叶螟幼虫

（4）蛹　长13～19毫米，深褐色至黑色。

（5）茧　深褐色，扁椭圆形，长约20毫米，宽约10毫米，革质，硬似牛皮纸。

3. 生活习性及发生规律

一年发生1代。以老熟幼虫在根的四周附近及距树干1米范围内的土中结茧越冬，入土深度约10厘米。翌年6月上中旬～8月上旬越冬代幼虫化蛹，盛期在6月底～7月中旬，蛹期18～25天。6月下旬～9月上旬成虫羽化交尾，将卵产在叶面上，卵期10～15天。成虫寿命短，通常2～4天。有趋光性，多在夜间羽化。1头雌虫一生能产卵1000～1200粒，每70～100粒以胶状分泌物粘着，聚集排列成鱼鳞状。

7月上旬～8月上中旬进入幼虫孵化期，盛期在7月底～8月初。初孵幼虫乳黄色，常数十至数百头群聚于卵壳周围爬行，行动活泼，群集在叶面上吐丝结网，结成大的网幕，先是缠卷1张叶片呈筒形。在其中取食叶片表皮和叶肉，舔食叶肉食成网状，残存叶脉，并吐丝。3～5天后吐丝缀多数小枝为一大巢在其中取食，蜕皮及粪便也积在巢内。随着虫体的增大食量增加。至2、3龄后开始分散活动，常由1窝分成几个群为害，仍缀小枝叶为巢，咬叶柄、嫩枝，食尽叶片后常将叶片缠卷成1团，又重新缀巢为害，迁移性强。4龄后多分散活动，老熟幼虫1头拉一网，1头幼虫缠卷1片复叶上部的3～4片叶，将树叶卷成筒形在内为害。幼虫白天静伏在叶的卷筒内，多在夜间取食、活动或转移为害。进入8月中旬以后老熟幼虫陆续下树迁移到地面，在根际周围的杂草灌木、枯枝落叶下或疏松表土中作茧卷曲其中，开始越冬。入土深度通常为3～10厘米，茧的一端留有羽化孔。

4. 防治妙招

（1）**人工防治** 摘除虫苞。幼虫群居为害时发现虫苞及时摘除，带出园外集中烧毁。

（2）**物理防治** 在成虫羽化盛期即6月下旬～7月上旬设灯诱杀，消灭成虫。

（3）**生物防治** 幼虫期可用白僵菌粉剂喷洒。幼虫老熟入土期在树冠下地面撒施白僵菌粉，然后耙松土层，可消灭入土幼虫。

（4）化学防治。6～8月为幼虫为害高峰期。发生严重时可用50%辛硫磷乳油2000～3000倍液；7月中下旬幼虫为害初期，幼虫3龄前可喷50%敌敌畏乳油1000倍液，或25%西维因可湿性粉剂500～800倍液。在晴日上午喷洒巢网，均可收到良好的防治效果。

毒环药带防治。根据幼虫下树越冬的特点，将2.5%溴氰菊酯（或2.5%速灭菊酯）1份加入200份的废机油中，搅拌均匀制成废机油毒液。防治时用毛刷沾毒液，在树干1米高处围绕干周涂抹一圈约10厘米宽的毒环带，可杀死通过毒环带的越冬幼虫。

提示 毒环药带防治时间为9月上旬，如果能够掌握好在幼虫下树前的1～2天涂药，杀虫效果可达100%。

二、美国白蛾

也叫美国灯蛾、秋幕毛虫、秋幕蛾，属鳞翅目、灯蛾科。

1.症状及快速鉴别

初孵幼虫有吐丝结网群居为害的习性，每株树上多达几百只、上千只幼虫为害，常将树木叶片蚕食光，严重影响树体生长。

以幼虫取食核桃叶片，1～2龄幼虫一般群居在吐丝结成的网幕中，在叶片的背面啃食叶肉，残留叶片上表皮及细叶脉。被害叶呈纱窗状，仅个别嫩叶被咬成小洞。3龄幼虫可将叶片咬透，呈小孔洞（图3-5）。

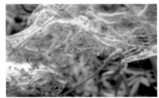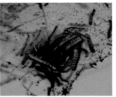

图3-5 美国白蛾幼虫及为害症状

2.形态特征

（1）**成虫** 为白色中型蛾，体长13～15毫米。复眼黑褐色，口器短而纤细。胸部背面密布白色绒毛，多数个体腹部白色无斑点，少数个体腹部黄色上有黑点。雄成虫触角黑色栉齿状。翅展23～34毫米，前翅散生黑褐色小斑点。雌成虫触角褐色锯齿状。翅展33～44毫米，前翅、后翅为纯白色（图3-6）。

图3-6　美国白蛾成虫

（2）卵　圆球形，直径约0.5毫米。初产卵浅黄绿色或浅绿色，后变为灰绿色，孵化前变为灰褐色，有较强的光泽。卵单层排列成块，覆盖白色鳞毛（图3-7）。

图3-7　美国白蛾卵

（3）幼虫　老熟幼虫体长28～35毫米，头黑，具光泽。体黄绿色至灰黑色，背线、气门上线、气门下线浅黄色。背部毛瘤黑色，体侧毛瘤多为橙黄色，毛瘤上着生白色长毛丛。腹足外侧黑色。气门白色，椭圆形，具黑边（图3-8）。

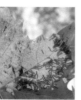

图3-8　美国白蛾不同龄期的幼虫

根据幼虫的形态可分为黑头型和红头型两型，在低龄时就明显可以分辨。3龄后从体色，色斑、毛瘤及其上的刚毛颜色上更容易区别。

（4）**蛹** 体长8～15毫米，暗红褐色，腹部各节除节间外，布满凹陷的刻点，臀刺8～17根，每根钩刺的末端呈喇叭口状，中部凹陷（图3-9）。

图3-9 美国白蛾蛹

3.生活习性及发生规律

美国白蛾繁殖能力强、扩散快，每年可向外扩散35～50千米。以蛹在树皮下及土壤、石片下的茧内越冬。翌年春季羽化，产卵在叶背成块，覆白鳞毛。幼虫共7龄，经30～45天老熟爬到土面结茧化蛹，夏末羽化。深秋落叶前发生第二代幼虫为害。初孵幼虫有吐丝结网群集为害的习性，每株树上多达几百只至上千只幼虫，常将树木叶片蚕食光，严重影响树体生长。

4.防治妙招

（1）**加强检疫** 疫区苗木不经检疫或处理禁止外运。疫区内积极进行防治可有效地控制疫情的扩散。

（2）**人工防治** 在幼虫3龄前发现网幕后，人工剪除网幕并集中处理。

围草诱蛹。适用于防治困难的高大树木。如果幼虫已分散，在老熟幼虫下树化蛹前在树干离地面1～1.5米处用谷草、稻草把或草帘，上松下紧进行围绑，诱集下树化蛹的幼虫。化蛹期间每隔7～9天更换1次草把，解下的草把要集中烧毁或深埋，定期定人集中处理。在秋冬季节可进行人工挖蛹。

（3）**诱杀** 利用诱虫灯（黑光灯）在成虫羽化期诱杀成虫。诱虫灯应设在上一年美国白蛾发生比较严重及四周空旷的地块，可获得较理想的防治效果。在距设灯中心点50～100米的范围内进行喷药，毒杀灯诱的成虫。

（4）**药剂防治** 首选生物药剂进行防治，可用0.12%藻酸丙二醇酯（藻盖杀），或2.5%高效氯氟氰菊酯微乳剂1500倍液，或Bt乳剂400倍液，或2.5%高效氯氰菊酯乳油1500倍液等喷雾。均可有效地控制害虫为害。

提示 防治时，多选择喷施溴氰菊酯、灭幼脲等化学和生物杀虫剂，灭幼脲、米螨（敌灭灵）等昆虫生长调节剂；不要使用毒性较强的农药，以免杀伤天敌、污染环境。

天敌有麻雀以及寄生性的赤眼蜂、姬蜂、茧蜂、周氏啮小蜂寄蜂等，注意保护和利用。

提示 药剂防治需在幼虫3龄群集尚未分散前使用效果最好。幼虫在叶片上裹上了网，农药可能对其毒害作用不大，要利用天敌消灭害虫。

三、木橑尺蠖

也叫木橑步曲、木橑尺蛾、核桃尺蠖、洋槐尺蠖、俗称吊死鬼、量天尺、小大头虫，河北、北京果农称其为"棍虫"。属鳞翅目，尺蠖蛾科。

1.症状及快速鉴别

主要为害核桃叶片，以幼虫食害叶片。严重发生时可在3～5天内将叶片全部吃光，只留叶脉、叶柄。叶片失去光合作用，导致二次萌芽，造成树势衰弱，影响核桃质量和花芽形成，严重影响树势和产量。幼虫常伸直在叶上或小枝上不动，平时可见叶片上竖起的虫子在枝杈间横置似小棍，俗称"棍虫"（图3-10）。

图3-10 木橑尺蠖幼虫及为害状

2.形态特征

（1）**成虫**　体长17～31毫米，翅展54～78毫米，腹背近乳白色，腹末棕黄色。复眼深褐色（图3-11）。

图3-11　木橑尺蠖成虫

（2）**卵**　扁圆形，长0.9毫米。初为绿色，渐变为灰绿色，孵化前变为黑色。数十粒成块，卵块上有一层黄棕色绒毛。

（3）**幼虫**　有6个龄期，老熟幼虫体长约70毫米，体色随所食植物的颜色而有变化，幼虫发育渐变为草绿色、绿色、浅褐色或棕黑色（图3-12）。

图3-12　木橑尺蠖幼虫

图3-13　蛹

（4）**蛹**　长约30毫米，宽8～9毫米。初为翠绿色，后为黑褐色（图3-13）。

3.生活习性及发生规律

在华北地区每年发生1代，浙江每年发生2～3代。以蛹在树冠下树干周围土内3～10厘米浅土层中或石缝内、杂草及碎石堆中越冬。在河北5月上旬～8月下旬羽化，成虫开始发生多在6月21～25日，盛期在7月5日～26日，末期在8月15日，长达约2个月。7月中下旬为盛期，阳坡比阴坡早发生约10天。成虫昼伏夜出，趋光性强，成虫白天静伏在树干、叶丛、梯田壁及杂草、作物等处，夜间活动交尾产卵。卵块产于树皮缝或石块上，以树杈处较多。一般雌虫产卵800~1500粒，多的可达3600粒。成虫寿命4~12天，卵期9~11天。幼虫于7月上旬孵化，孵化盛期在7月下旬~8月初。初孵幼虫有群集性，活泼，爬行很快，能吐丝下垂，借风力传播转移为害。2龄后分散为害，幼虫集中为害期在7月中旬~8月上旬，8月初可见到叶片被吃光的现象。幼虫期约40天，一般为6龄。幼虫老熟后吐丝下垂着地或顺枝干下爬寻找越冬场所。坠地在树下约3厘米深的土缝、石缝或乱石下群集化蛹越冬，8月底入土化蛹。老熟幼虫化蛹前有群居习性，所以常在1处可见到20~30个蛹。树干下松土层及潮湿的石堰缝中常可找到几十头至上百头蛹。

4.防治妙招

（1）**人工刨蛹**　蛹密度大的地区在早秋或早春、落叶后至结冻前、早春解冻后至羽化前，结合整地修地堰组织人工挖蛹。

（2）**诱杀**　结合防治核桃举肢蛾，在5~8月成虫羽化期利用成虫趋光性和发蛾时间长的特性，晚上烧堆火或设黑光灯诱杀成虫（200瓦电灯亦可）。也可清晨人工捕蛾，或震落捕杀幼虫。

（3）**药剂防治**　抓住卵孵化期和低龄幼虫期两个关键时期进行喷药。幼虫3龄前虫口密度小，食量小，为害小，抗药力相对较差，应适时喷药。各代幼虫孵化期可喷90%敌百虫800~1000倍液，或50%辛硫磷乳油1000倍液，或5%高效氯氰菊酯乳油3000倍液，或20%菊杀乳油1500~2000倍液，或20%菊马乳油2000倍液，或10%天王星乳油3000~4000倍液，或25%灭幼脲悬浮剂5000倍液，或5%氟铃脲乳油升500~2000倍液，或20%氰西杀虫悬浮剂1000~1500倍液等，或45%丙溴辛硫磷1000倍液，或20%氰戊菊酯1500倍+5.7%甲维盐2000倍混合液。可间隔7~10天喷1次，连用1~2次，均有较好的防治效果。轮换用药，以延缓抗性的产生。

> **提示**　核桃树上害虫发生量大时，8月初进入防治适期，提倡使用动力型超低量喷雾机，将20%杀灭菊酯乳油兑水5~10倍进行超低量喷雾，在无风天气用小流量绕树环喷1周即可。

在成虫发生盛期（7月5日～26日），结合防治核桃举肢蛾，每隔10～15天喷1次药，选用2.5%甲氨基阿维菌素苯甲酸盐乳油4000倍液，或2.5%高效氯氟氰菊酯3000倍液。

（4）生物防治　7～8月释放赤眼蜂，对害虫可起到一定的控制作用。

四、刺蛾类

也叫洋辣子、毛辣虫、扁刺蛾、八角虫、八角罐、洋辣罐、白刺毛、荆条虎、带刺毛毛虫、毛虫等，是鳞翅目刺蛾科昆虫的通称，大约有500余种，分布全国各地。食性杂，为重要的食叶害虫（图3-14）。

图3-14　不同刺蛾幼虫与成虫

提示　如果被刺蛾毒刺所螫会非常疼痛，由于毒液呈酸性，可以用食用碱或小苏打稀释后涂抹，也可使用风油精。如果条件所限也可以用肥皂水涂抹，均有利于治疗毒液带来的皮疹、水泡或者疼痛。还可用泡桐汁涂抹，30秒后疼痛消失。

（一）扁刺蛾

属鳞翅目、刺蛾科害虫，全国各地均有分布。主要为害核桃、梨、枣、苹果、桃、梧桐、枫杨、白杨、泡桐等多种果树和林木。

1.症状及快速鉴别

幼虫主要为害叶片。1～2龄幼虫只咬食叶背表皮及叶肉。3龄以后将叶片咬食成缺刻。严重时将叶片全部蚕食光，仅残留叶柄及主脉（图3-15）。

2.形态特征

（1）成虫　雌成虫全体灰褐色，腹面及足色较深。触角丝状，基部十数节呈栉齿状。雄成虫栉齿发达，前翅灰褐微带紫色，中室前有1明显的暗紫色宽横带，自前缘近顶角处向后缘中部倾斜。雄虫中室直角有1黑点，后翅暗灰色（图3-16）。

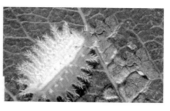

图3-15　扁刺蛾为害状

（2）卵　扁平椭圆形，初为淡黄色，孵化前灰褐色。

（3）幼虫　老熟幼虫背面呈弧形隆起，体扁椭圆形，全体绿色或黄绿色，背线白色，边缘蓝色。每节两侧生有短丛刺1对，体边缘每侧有11个瘤状突起，第4节上有1个明显的红点（图3-17）。

图3-16　扁刺蛾成虫及幼虫

（4）蛹　体近椭圆形，初为乳白色，渐变黄色，最后呈黄褐色（图3-17）。

（5）茧　椭圆形，暗褐色。

图3-17　成虫、幼虫、卵、蛹、茧及为害状

3.生活习性及发生规律

北方一年发生1代，长江下游地区每年2代，少数发生3代。均以老熟幼虫在树下3～6厘米的土层内结茧以前蛹越冬。一年发生1代区5月中旬开始化蛹，6月上旬开始羽化产卵，发生期不整齐，6月中旬～8月上旬均可见初孵幼虫，以8月为害最重，8月下旬开始陆续老熟入土结茧越冬。一年发生2～3代区4月中旬开始化蛹，5月中旬～6月上旬羽化，第一代幼虫发生期为5月下旬～7月中旬，第二代幼虫发生期为7月下旬～9月中旬，第三代幼虫发生期为9月上旬～10月。

成虫多在黄昏羽化出土，昼伏夜出，羽化后即可交配，2天后产卵，多散产于叶面上。幼虫共8龄，6龄起可食全叶，老熟幼虫多夜间下树入土结茧。成虫有趋光性。白天隐伏在枝叶间、草丛中或其他荫蔽物下。幼虫孵化后低龄期有群集性，并只咬食叶肉残留膜状的表皮。大龄幼虫逐渐分散为害，从叶片边缘咬食成缺刻甚至吃光全叶。老熟幼虫迁移到树干基部、树枝分叉处和地面的杂草间或土缝中作茧化蛹越冬。

4.防治妙招

（1）人工除茧　摘除带虫叶片减少虫源。结合整枝、修剪、除草和冬季清园、松土等，清除枝干上、杂草中的越冬虫体，破坏地下的蛹茧，减少下代的虫源。利用幼虫下树在土中结茧越冬对土壤质地有选择的习性，在春季组织人力挖茧。

（2）摘除带虫叶片　在初孵幼虫群集叶片分散为害前可摘除带虫叶片。

（3）药剂防治　对虫口密度较大的核桃园，在各代幼虫盛孵期，可用90%晶体敌百虫800～1000倍液，或80%敌敌畏乳油800～1000倍液，或50%马拉硫磷乳油1000倍液，或25%亚胺硫磷乳油1000倍液，或25%喹硫磷乳油1000～1500倍液，或20%氰戊菊酯乳油1000倍液，或50%杀螟硫磷乳油1000～1500倍液，或2.5%溴氰菊酯乳油2000～3000倍液，或25%灭幼脲胶悬剂500～1000倍液等药剂喷雾，均可收到较好的防治效果。

注意：扁刺蛾幼虫对药剂较敏感，喷药时应将药液重点喷在叶背虫体上。

（二）丽绿刺蛾

1.症状及快速鉴别

低龄幼虫有群集为害叶片的特点，取食表皮或叶肉。幼虫喜欢群集在叶片背面取食，被害叶片往往出现白膜状，呈半透明枯黄色斑块。大龄幼虫食叶呈较平直的缺刻。严重时可将叶片全部吃光，影响植株正常生长（图3-18）。

图3-18　低龄幼虫群集为害叶片呈半透明白膜状，大龄幼虫食叶呈较平直缺刻

2.形态特征

（1）成虫　体长10～17毫米，翅展35～40毫米。头顶和胸背绿色，胸背中央有1褐色纵纹线向后延伸至腹背，腹背黄褐色，末端褐色较重。

（2）卵　椭圆形，扁平光滑，浅黄绿色。

（3）幼虫　末龄幼虫体长25毫米，体粉绿色，背面稍白，背中央有3条紫色或暗绿色带，体侧亚背区、亚侧区上各有1列带短刺的瘤，前后瘤红色（图3-19）。

图3-19　丽绿刺蛾成虫及幼虫

（4）蛹　椭圆形。

（5）茧　较扁平，椭圆或纺锤形，红褐色或棕色。

3.生活史及习性

一年发生2代，长江以南一年发生2～3代。以老熟幼虫在枝干上结茧越冬。翌年4月下旬～5月上中旬化蛹，5月下旬～6月成虫羽化产卵，6月中旬～7月下旬为第一代幼虫为害期，7月中旬后第一代幼虫陆续老熟结茧化蛹。8月初第一代成虫开始羽化产卵，8月中旬～9月第二代幼虫活动为害，9月中旬以后陆续老熟结茧越冬。

成虫有趋光性，雌蛾喜欢在晚上将卵产在叶背上，十多粒或数十粒排列成鱼鳞状卵块，上覆一层浅黄色胶状物。每雌蛾产卵期2～3天，产卵量100～200粒。共8～9龄，低龄幼虫群集性强，3～4龄开始分散，老熟幼虫在树中下部枝干上结茧化蛹。

（三）褐边绿刺蛾

也叫青刺蛾、褐缘绿刺蛾、四点刺蛾、曲纹绿刺蛾、洋辣子等。

1.症状及快速鉴别

幼虫食叶，低龄啃食叶肉，稍大食成缺刻和孔洞。严重时食成光杆，只留叶脉和叶柄（图3-20）。

图3-20　褐边绿刺蛾为害状

2.形态特征

（1）成虫　雌成虫体头部粉绿色，复眼黑褐色，触角褐色丝状。雄虫触角近基部十几节为单栉齿状（图3-21）。

（2）卵　扁椭圆形，浅黄绿色。

（3）幼虫　头红褐色，前胸背板黑色，身体翠绿色，背线黄绿至浅蓝色，中胸及腹部第8节各有1对蓝黑色斑。后胸至第7腹节每节有2对蓝黑色斑。每节着生棕色枝刺1对，刺毛黄棕色，并夹杂几根黑色毛。体侧翠绿色，间有深绿色波状条纹。自后胸至腹部第9节侧腹面均具刺突1对，上着生黄棕色刺毛（图3-21）。

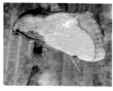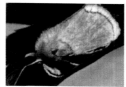

图3-21　褐边绿刺蛾成虫及幼虫

（4）蛹　卵圆形，棕褐色。

（5）茧　近圆筒形，棕褐色（图3-22）。

3.生活习性及发生规律

多数地区一年发生2代，在长江以南一年发生2～3代。以幼虫结茧越冬。翌年4月下旬～5月上中旬化蛹，5月下旬～6月成虫羽化产卵，6～7月下旬为第一代幼虫为害期，7月中旬后第一代幼虫陆续老熟结茧化蛹，8月初第一代成虫开始羽化产卵，8月中旬～9月第二代幼虫活动为害，9月中旬以后陆续老熟结茧越冬。

图3-22　褐边绿刺蛾茧

（四）黄刺蛾

1.症状及快速鉴别

以幼虫为害叶片，小幼虫仅食叶肉残留叶脉；稍大食叶将叶片吃成缺刻或孔洞，叶片千疮百孔。严重时可将叶片全部吃光，仅留叶柄、主脉，严重影响树势和果实发育（图3-23）。

2.形态特征

（1）成虫　体长13～16毫米。雌虫触角丝状，雄虫双栉齿状（图3-24）。

（2）幼虫　末龄幼虫绿色，背线、亚背线紫褐色。各体节具横列毛瘤4个（图3-24）。

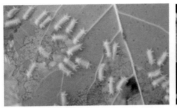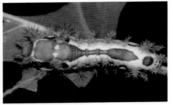

图3-23　低龄啃食叶肉，稍大食成缺刻和孔洞

图3-24　黄刺蛾成虫及幼虫

（3）蛹　黄褐色。

（4）茧　椭圆形，暗褐色，外黏附土粒（图3-25）。

图3-25　黄刺蛾成虫、幼虫、蛹及茧

3.生活习性及发生规律

一年发生2代。以老熟幼虫在小枝杈处、主侧枝及树干的粗皮上结茧越冬。成虫5~6月羽化。卵产于叶片背面呈块状，每块10余粒或几十粒。7~8月为幼虫为害盛期，幼龄幼虫群集叶背取食下表皮和叶肉。稍大后分散为害。5龄幼虫能将叶片吃光仅留叶脉。8月下旬幼虫老熟结茧越冬。幼虫有毒刺，人体皮肤接触后常引起红肿、疼痛、奇痒。

五、大袋蛾

也叫避债蛾、大蓑蛾、皮虫，俗称布袋虫、吊死鬼、背包虫等，为鳞翅目、袋蛾科。

1.症状及快速鉴别

　　幼虫体外有用植物残屑和虫丝织成的护囊，幼虫终生负囊生活，蚕食叶片呈大孔洞和缺刻。严重时将叶食光（图3-26）。

图3-26　大袋蛾护囊及为害状

2.形态特征

　　（1）**成虫**　雌雄异型。雌成虫高度退化，无翅、乳白色肥胖呈蛆状，头小、黑色、圆形，触角退化为短刺状，棕褐色，口器退化，胸足短小（图3-27）。

图3-27　大袋蛾成虫

　　（2）**卵**　椭圆形，淡黄色。

　　（3）**幼虫**　雌幼虫较肥大，黑褐色，胸足发达，胸背板角质，污白色，中部有两条明显的棕色斑纹。雄幼虫较瘦小，色较淡，呈黄褐色。幼虫居于各种各样丝质袋中，负袋而行，在袋中化蛹（图3-28）。

图3-28　幼虫和虫丝织成的护囊

（4）蛹　雌蛹黑褐色，体长22～33毫米，无触角及翅。雄蛹黄褐色，体细长，17～20毫米，前翅、触角、口器均很明显（图3-29）。

图3-29　大袋蛾成虫、幼虫、卵、蛹及为害状

3.生活习性及发生规律

与板栗的大袋蛾相同。

4.防治妙招

与板栗的大袋蛾防治方法相同。

六、核桃瘤蛾

也叫核桃毛虫、核桃小毛虫，属鳞翅目、瘤蛾科，是为害叶片为主的一种暴食性害虫。只为害核桃，为单食性害虫。分布在山西、河北、河南、陕西等核桃栽培区。

1.症状及快速鉴别

以幼虫食害核桃叶片，食量大，属偶发暴食性害虫。幼虫有成群迁移的习性，很多数量聚集在一起，密密麻麻。7月虫害严重暴发时，几天之内就会将树叶全部吃光。最后叶片只剩叶脉。有的也会将树叶卷叶。树叶一旦被吃光会引发枝条二次发芽，导致树势严重衰弱，造成翌年枝条枯死（图3-30）。

图3-30　排列密集、正在狂啃树叶的幼虫

2.形态特征

（1）成虫　体长8～11毫米，翅展19～24毫米，体灰褐色。雌虫触角丝状，雄虫触角羽毛状（图3-31）。

（2）卵　直径0.4～0.5毫米，扁圆形，中央顶部略凹陷，四周有细刻纹。初产时乳白色，后变为浅黄色至褐色（图3-31）。

（3）幼虫　老熟幼虫体长10～15毫米，背面棕黑色，腹面淡黄褐色，体型短粗而扁，中、后胸背面各有4个毛瘤，着生较长的毛（图3-31）。

（4）蛹　体长8～10毫米，黄褐色，椭圆形，腹部末端半球形，外有灰白色茧。越冬茧长圆形，丝质细密，浅黄白色（图3-33）。

图3-31　成虫、幼虫、卵及蛹

3.生活习性及发生规律

一年发生2代。以蛹在石堰缝中（约占95%）、土缝中、树皮裂缝中及树干周围的杂草和落叶中越冬。如果核桃树周围没有石堰则在

土坡裂缝中越冬，但数量不多。一般在阳坡、干燥的石堰缝中越冬蛹最多，存活的也多；阴坡、潮湿的石堰缝中数量少，存活的也少，很多被菌类寄生而死亡。

成虫绝大多数在傍晚6~8时羽化，有趋光性，黑光灯诱力最强，蓝色灯光次之，一般的灯光诱不到成蛾。成虫白天不活动，傍晚后至22时最活跃，活动性强。成虫羽化经2天后交尾。大多在清晨4~6时交尾，经历1~3小时。交尾后第2天产卵，卵期4~5天。卵散产在叶片背面，主、侧叶脉交叉处，每处多数只产卵1粒，间或2~4粒，卵有胶质粘在叶背，表面光滑，无其他覆盖物。

4.防治妙招

（1）**诱杀**　利用老熟幼虫有顺树干下地化蛹的习性，可在树干周围半径0.5米的地面上堆集石块进行诱杀。也可进行树干绑草诱集，不同的草料诱集的效果有明显差异，用麦秸绳诱集效果最好。利用成虫的趋光性，可用黑光灯诱杀成虫，如果大面积联防，效果更好。

（2）**喷药**　在3龄前幼虫发生为害初期，可喷90%晶体敌百虫800倍液，或2.5%溴氰菊酯乳油6000倍液。害虫接触药液后会很快落地死亡，均有良好的防治效果。

七、核桃银杏大蚕蛾

属鳞翅目、大蚕蛾科。

1.症状及快速鉴别

以幼虫取食叶片。幼虫虫体大食量大。严重大发生时可将整株树上的叶片全部吃光，造成树冠光秃，影响树木正常生长和果实发育，甚至死亡（图3-32）。

2.形态特征

（1）**成虫**　体长25~60毫米，翅展90~150毫米，体灰褐色或紫褐色。雌蛾触角栉齿状，雄蛾羽状（图3-33）。

图3-32　幼虫及为害症状　　　　图3-33　银杏大蚕蛾成虫

（2）**卵**　长约2.2毫米，椭圆形，灰褐色，一端具黑色黑斑。

（3）**幼虫**　末龄幼虫体长80～110毫米，体黄绿色或青蓝色（图3-34）。

图3-34　银杏大蚕蛾不同龄期幼虫

（4）**蛹**　长30～60毫米，污黄至深褐色。

（5）**茧**　长60～80毫米，黄褐色，网状。

3.生活习性及发生规律

一年发生1代。以卵越冬。3月底～4月初核桃树萌芽展叶时卵开始孵化，1龄幼虫即上树群集为害嫩叶。幼虫一般7龄，少有8龄，每个龄期约1周，整个幼虫期约60天。4月中旬进入2龄期，4月下旬～5月中旬为3～5龄期，食量增加，5龄食量最大，占全部取食量的70%以上，为害最重。幼虫为害盛期为4月下旬～5月中旬。6月中旬幼虫老熟后下树爬至灌木枝叶间或地面杂草、石缝中结茧化蛹。8月底～9月初成虫羽化，成虫期约10天，交尾产卵后死亡。卵多产于树干下部1～3米的表皮裂缝内、凹陷处或树杈处，一般数十粒至百余粒集中成块或单层排列。

4.防治妙招

采取综合防治，将虫害控制在大发生之前，即从每年7月开始到翌年5月中旬。

（1）**灯光诱杀**　利用成虫的趋光性，在成虫羽化盛期（9月上、中旬），用黑光灯诱杀，效果很好。

（2）**药济涂干**　秋、冬季在树干基部（从地面到树干1.5米处）用石灰浆或石硫合剂涂干，可消灭卵块。

（3）**人工除治**　在卵期（10月～翌年3月）根据银杏大蚕蛾产卵地点具有选择性强、卵期长、卵块集中，并易于清除的特点人工除治。虫卵成块，在3米以下树干缝隙中便于发现，可及时消灭，方法简单，杀虫效果好，在大发生时组织人力清除卵块。每年春季（4月底前）用铁锤砸除虫卵，砸后用石灰水涂树干。冬季结合树木修剪刮除老树皮，铲除附在上面的卵块，可减少越冬虫卵。在蛹期利用幼虫缀叶结茧化蛹的特性，可在核桃树下周围的灌木杂草上，拾摘缀叶茧蛹，然后集中销毁。7～8月蛹未羽化前，人工摘除树下杂草、灌丛中的虫茧，集中烧毁或深埋。

（4）**药剂防治**　小幼虫3龄前抵抗力弱，并有群集性的特点，为防治的最佳时期。每年5月在虫体小群集为害时，喷药防治容易且防效好，可及时喷施80%敌敌畏1000倍液，或90%敌百虫1500～2000倍液，或鱼藤精800倍液，或2.5%的溴氰菊酯2500～4000倍液，或25%灭幼脲3号800～1000倍液，杀虫效果可达100%。也可用森得保可湿性粉剂2000～3000倍液，或3%高渗苯氧威乳油3000～4000倍液，或1.8%阿维菌素乳油3000～4000倍液，或0.3%苦参碱可溶性液剂1000～1500倍液，或1.2%苦•烟乳油植物杀虫剂稀释800～1000倍液，喷雾防治，效果均很好。

（5）**生物防治**　害虫虫体大，终生裸露在树体上生活，生活周期长，便于生物防治。

① 以菌治虫　在幼虫孵化高峰期，可用600～800倍苏云金杆菌8000单位/毫克可湿性粉剂喷雾防治，或用白僵菌粉孢进行防治。

② 保护和利用昆虫天敌　银杏大蚕蛾天敌众多，多达60余种，卵和蛹期有寄生蜂、寄生蝇等多种寄生性天敌，卵是赤眼蜂及赤卵蜂越冬的天然寄主。鸟类33种，幼虫期有喜鹊、大山雀、画眉、八哥等；还有大蜘蛛、大蚂蚁等多种捕食性天敌。因此要注意保护和利

用。例如在雌蛾产卵期人工释放赤眼蜂，可以使80%以上的卵块消灭在孵化之前。

八、水青蛾

也叫大水青蛾，属鳞翅目、天蚕蛾科、长尾水青蛾属。

1.症状及快速鉴别

幼虫蚕食叶片。严重时将叶片吃光（图3-35）。

图3-35　水青蛾为害叶片症状

2.形态特征

（1）成虫　体长30～40毫米，翅展90～150毫米，翅非常漂亮好看。有浓密的白色茸毛，翅粉绿色，前、后翅中央各有1眼状斑纹，前翅前缘有白、紫、黑三色缘带，后翅臀角呈长尾状，长约4厘米（图3-36）。

图3-36　水青蛾成虫

（2）卵　扁圆形，初产时绿色，后变为褐色，直径约2毫米。

（3）幼虫　体长90～105毫米，黄绿色，气门上线为红色和黄色2条（图3-37）。

（4）蛹　长40～50毫米，赤褐色，额区有1块浅色斑，外有灰褐色厚茧（图3-38）。

图3-37　水青蛾幼不同龄期的幼虫

图3-38　水青蛾蛹

3.生活习性及发生规律

一年发生2代，少数地区3代。以蛹越冬。翌年4月下旬～5月上旬成虫羽化，有趋光性。卵散产或成块产在叶片上，每雌蛾产卵200～300粒。第一代幼虫5月中旬～7月为害，6月底～7月老熟幼虫结茧化蛹并羽化第一代成虫。7～9月为第二代幼虫为害期，9月底幼虫开始老熟爬到树枝及枯草内结茧化蛹越冬。初龄幼虫群集为害，3龄后分散取食，幼虫蚕食叶片仅留叶柄，吃完1片叶再吃另1片叶，将1个枝上的叶片吃光再转到其他枝上为害。

4.防治妙招

（1）人工捕杀　幼虫体大，无毒毛，粪粒大，容易发现，可组织人工捕捉。冬季落叶后采摘挂在树上的越冬茧，并可缫丝利用。

（2）化学防治　在各代幼虫幼龄期可用90%敌百虫800倍液喷雾进行有效防治。

九、斑衣蜡蝉

也叫斑衣、樗鸡、椿皮蜡蝉，属同翅目、蜡蝉科。

1.症状及快速鉴别

成虫和若虫刺吸核桃树嫩叶、枝干的汁液，排泄物可引起煤污病，削弱树势。

2.形态特征

（1）成虫　雌虫体长15～20毫米，翅展39～56毫米，雄虫较小。复眼黑色，触角红色（图3-39）。

图3-39　斑衣蜡蝉成虫

（2）卵　长椭圆形，长约3毫米，形状似麦粒。卵粒整齐排列成块，每块有卵数十粒。上覆一层土灰色分泌物。

（3）若虫　似成虫。足长，头尖。3龄前体黑色，分布许多小白斑。4龄若虫体背面红色，翅芽显露，老熟时体长6.5～7毫米。

3.生活习性及发生规律

每年发生1代。以卵块在枝干上越冬。翌年4～5月孵化为若虫，若虫喜群集在嫩茎和叶背为害，若虫期约60天，经4次蜕皮后羽化为成虫。8月开始交尾产卵以卵越冬。成、若虫均有群集性，活泼，弹跳力很强。成虫寿命达4个月，10月下旬之后陆续死亡。

4.防治妙招

（1）核桃园附近不要种植臭椿、苦楝等斑衣蜡蝉喜食的植物，以减少虫源。

（2）结合冬季管理，将卵块压碎，彻底消灭虫卵。

（3）药剂防治。在卵孵化末期可喷50%敌敌畏乳剂1000倍液，或50%对硫磷乳剂2000倍液，或50%久效磷乳剂2000倍液，或2.5%溴氰菊酯乳剂4000倍液。如果在药液中混入0.3%～0.4%的柴油乳剂或黏土柴油乳剂，可提高防治效果。

十、舞毒蛾

也叫秋千毛虫。

1.症状及快速鉴别

幼虫主要为害叶片，食量大，食性杂，严重时可将全树叶片全部吃光（图3-40）。

图3-40　舞毒蛾为害症状

2.形态特征

（1）成虫　雌雄异型。雄成虫体长约20毫米，前翅茶褐色，有4、5条波状横带，外缘呈深色带状，中室中央有1黑点。雌成虫体长约25毫米，前翅灰白色，每2条脉纹间有1个黑褐色斑点。腹末有黄褐色毛丛（图3-41）。

图3-41　舞毒蛾雄成虫及雌成虫

（2）幼虫　老熟幼虫体长50～70毫米，头黄褐色，有八字形黑色纹。前胸至腹部第2节的毛瘤为蓝色，腹部第3～9节的7对毛瘤为红色（图3-42）。

图3-42　幼虫

（3）卵 圆形稍扁，直径1.3毫米，初产为杏黄色，数百粒至上千粒产在一起，形成卵块，其上覆盖有很厚的黄褐色绒毛（图3-43）。

（4）蛹 体长19~34毫米，雌蛹大，雄蛹小。体色红褐或黑褐色，被有锈黄色毛丛（图3-44）。

图3-43 舞毒蛾成虫及卵　图3-44 舞毒蛾蛹

3.生活习性及发生规律

一年发生1代。以卵在石块缝隙或树干背面洼裂处越冬。核桃发芽时卵开始孵化，初孵幼虫白天多群栖叶背面，夜间取食叶片成孔洞，受振动后吐丝下垂借风力传播，故称秋千毛虫。2龄后分散取食，白天栖息树杈、树皮缝或树下石块下，傍晚上树取食，天亮时又爬到隐蔽场所。雄虫蜕皮5次，雌虫蜕皮6次，均夜间群集树上蜕皮。幼虫期约60天，5~6月为害最重。6月中下旬陆续老熟爬到隐蔽处结茧化蛹，蛹期10~15天。成虫7月中旬大量羽化，成虫有趋光性，雄虫活泼善飞翔，白天常成群作旋转飞舞于树冠间。雌虫很少飞舞，能释放性外激素，引诱雄蛾来交配，交尾后产卵，多产在树枝、树干阴面。每雌虫可产卵1~2块，每块数百粒上覆雌蛾腹末的黄褐鳞毛。翌年5月间越冬卵孵化，初孵幼虫有群集为害习性，长大后分散为害。为害至7月上、中旬，老熟幼虫在树干洼裂地方、枝杈、枯叶等处结茧化蛹。

4.防治妙招

（1）人工采集卵块 在舞毒蛾大发生的年份，卵一般大量集中在石崖下、树干、草丛等处，卵期长达9个月。因此人工很容易采集，并集中销毁，减少虫口密度。

（2）**人工采集幼虫**　对于小面积严重发生的地块实施较好。每年的5～6月为防火戒严期，所以一般的烟剂防治容易引起森林火灾，利用这种方法也可控制舞毒蛾的大发生为害。应在舞毒蛾幼虫暴食期前的3～4龄期进行采集，可作为采卵块方法的延伸和补充。

（3）**诱杀**

① 灯光诱杀　及时掌握舞毒蛾羽化始期，预测羽化盛期，并在野外利用黑光灯或频振灯配高压电网进行诱杀，应以2台以上为一组，灯与灯间的距离为500米，可以取得较好的防治效果。在灯诱的过程中一定要注意对灯具周围的空地喷洒化学杀虫剂，及时杀死诱集到的各种害虫的成虫。

② 性引诱剂诱杀　利用舞毒蛾性引诱剂对舞毒蛾进行预测预报，方法简单易行、预报准确率高。舞毒蛾成虫具有强的趋化性特点，特别是对雌蛾释放出的性信息素，可利用人工合成的性引诱剂诱杀舞毒蛾成虫。性引诱剂诱杀与灯诱不同的是前者具有专一性，即只对舞毒蛾有效果，所以能够集中歼灭。

（4）**烟剂防治**　每年的5月下旬～6月上旬约在舞毒蛾幼虫3龄期进行化学烟剂防治。放烟时间一般掌握在清晨或傍晚出现逆温层时进行，烟点之间的距离为7米，烟点带间的距离为300米，如果超过300米，应补充辅助烟带。在放烟时一定要按照烟剂安全操作规程操作，放烟过程中注意防火，防止引起森林火灾。

注意　烟剂应以1.8%阿维菌素乳油生物农药为主，降低化学农药对环境和天敌的破坏作用。但在必要时也可以使用化学药剂，进行紧急压低虫口密度，减轻害虫灾害损失。

提示　可采用喷烟机进行。喷烟防治具有防火、安全、高效等优点，对防治食叶害虫效果较好。

（5）**喷雾防治**　主要防治幼虫，人工采集舞毒蛾卵块后，在卵密度仍然较高的地点，在卵孵化高峰期进行喷雾防治1龄幼虫，注意掌握在舞毒蛾卵孵化高峰期。在林内防治时应在3龄幼虫期，可以利用苏云金杆菌进行喷雾防治，或1.8%阿维菌素乳油喷雾防治。

（6）改善环境，保护天敌　舞毒蛾的发生与环境条件有密切的关系。改善林分结构、提高环境质量、合理密植是防治害虫的有效途径之一，也是从根本上控制舞毒蛾大发生的综合治理措施。舞毒蛾天敌共计6目19科91种，其中寄生性昆虫57种，姬蜂科30种，寄生蝇27种，半翅目19种，步甲科10种。通过天敌制虫，可以实现有虫不成灾的目的。

十一、核桃叶甲

也叫核桃扁叶甲、金花虫、核桃叶虫，为鞘翅目、叶甲科。

1.症状及快速鉴别

以成虫和幼虫群集叶片为害，取食叶肉，受害叶片呈网状或缺刻，很快变黑枯死。严重时叶片仅留叶脉，全叶被食光，影响核桃树的光合作用，造成减产，甚至绝收。5～6月是越冬成虫及幼虫同时出现为害的盛期，大发生时将全树叶片吃光，似火烧。连续2～3年为害时会引起核桃部分枝条或幼树全株枯死（图3-45）。

图3-45　核桃叶甲为害症状

2.形态特征

（1）成虫　体长5～8毫米，背面扁平长方形。青蓝色至黑蓝色，有光泽。翅膀硬壳，前胸背板淡棕黄，头鞘翅蓝黑，触角及足全部黑色。腹部暗棕色，外侧缘和端缘棕黄色，头小，中央凹陷，刻点粗密。触角短，不及体长1/2，第3节较细长，端部粗，节长约与端宽相等，前胸背板宽约为中长的2.5倍，前胸背板基部狭于鞘翅，前缘凹进很深，侧缘基部直，中部之前略弧弯，盘区两侧高峰点粗密，中部明显细弱。鞘翅每侧有3条纵肋，各足跗节在爪节基部腹面呈齿状突出。鞘翅蓝紫色有光泽。雌虫产卵期腹部膨大似球，黄色（图3-46）。

图3-46　核桃叶甲成虫

（2）卵　长1.5～2.0毫米，长椭圆形，呈黄绿色，顶端稍尖，在叶背面聚集成块（图3-47）。

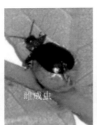

图3-47　核桃叶甲雄成虫、雌成虫及卵

（3）幼虫　初龄幼虫体黑色，头和足黑色，胴部具暗斑和瘤起。老熟时体长8～10毫米。胸、腹部暗黄色。前胸背板淡红褐色，两侧具黑褐色斑纹及1个大圆斑。沿着虫体气门上线多数体节有黑色瘤突。胸足3对，无腹足（图3-48）。

（4）蛹　体长6～7.6毫米，淡黑色或墨绿色，胸部有灰白纹，腹部第2～3节两侧为黄白色，背面中央为黑褐色，腹末附有幼虫蜕的皮，体有瘤起成串垂钓倒挂在叶面上化蛹。

图3-48　核桃叶甲幼虫

3.生活习性及发生规律

一年发生1代。以成虫在地面被覆物（如杂草、枯枝落叶、石块等）或树干基部70～135厘米高处的树皮缝内越冬。翌年4月上中旬越冬成虫开始活动，在核桃展叶后上树，常群集于嫩叶上开始取食为害，成虫有假死性。成虫经过短期取食后将嫩叶吃成网状，有的破碎。成虫特别贪食，腹部已膨胀成鼓囊状，露出鞘翅一半以上仍不停取食。4月下旬～5月上旬交尾产卵，卵产在叶背上，聚集成块状，每块20～30粒。5月中旬卵孵化成幼虫，开始取食叶肉，食量甚微。初孵幼虫群集叶背取食，被害叶呈一片枯黄。5月～6月上、中旬为幼虫为害盛期，2龄以后分散到全树为害，常将叶肉食光留下叶脉，似火烧过一般。6月中旬为新一代成虫羽化盛期，6月下旬～7月上旬老熟幼虫成串垂钓倒挂在叶背上化蛹，尾端黏附在叶背面蜕皮化蛹，蛹的腹末又黏附在幼虫的蜕皮上倒悬于叶的背面，触动时能曲伸活动。蛹期4～5天，成虫羽化后刚羽化的成虫静伏蛹壳上不动，12天后开始进行短期取食，7月开始下树潜伏进入越冬场所。6～7月在核桃树上能同时发现其成虫、幼虫、卵和蛹。10月中旬成虫开始进入越冬期。

4.防治妙招

（1）科学修剪　每年12月中下旬剪除病残枝及过密枝。

（2）加强管理　注意核桃园排水，保持树势健壮，提高树体抵抗能力。

（3）**清除虫源** 每年12月至翌年1月清除核桃园及附近杂草、枯枝落叶等，进行焚烧；或用80%敌敌畏乳油500倍液处理。冬春季人工刮除树干基部的老树皮，可消灭越冬成虫。或在翌年成虫上树为害期，4月下旬利用越冬成虫刚出现后较强的假死习性，人工振落捕捉成虫。在害虫卵、初孵幼虫、老熟幼虫期间，利用产卵、幼虫期的群集性，可人工摘除虫叶集中烧毁。

（4）**诱杀** 成虫大量发生期，4～5月成虫上树时用堆火或黑光灯诱杀。

（5）**药剂防治** 在4月下旬和5月上、中旬卵大量孵化成幼虫的幼虫期，幼虫在树上取食，尤其越冬幼虫初上树活动取食期，可用保果灵800～1000倍液，或80%敌敌畏乳油800倍液，或10%氯氰菊酯乳剂8000倍液，或2.5%溴氰菊酯乳油8000～10000倍液，或90%敌百虫晶体1000～2000倍液，或40%乐氰乳油3000倍液，或2.5%功夫乳剂2000倍液进行喷雾防治，间隔约10天喷1次，连喷2～3次，防治效果均在85%以上。在郁闭度较大的核桃园也可施放烟剂，用马拉硫磷等杀虫烟剂毒杀（用药量为15千克/公顷），效果很好。

4月中旬在越冬成虫出土上树前，或新羽化成虫越夏上树前，可用25%敌杀死，或20%速灭杀丁制成毒笔、毒绳，毒笔在树干基部涂2个闭合圈，毒绳扎2道，进行毒杀成虫，阻杀爬经毒环、毒绳的成虫，防止越冬成虫上树。4月底越冬成虫初上树取食产卵前，可喷施8%绿色威雷微胶囊剂200倍液。

幼虫、新羽化成虫期间树干注药。可用5%的吡虫啉乳油，按树胸径每1厘米注射1毫升。也可叶面喷施0.9%阿维菌素乳油1000倍液，或8%绿色威雷200倍液。

（6）**保护和利用天敌** 可利用猎蝽、奇变瓢虫等天敌进行生物防治。

十二、核桃鞍象

也叫鞍象甲，属鞘翅目、象甲科害虫。

1.症状及快速鉴别

成虫在核桃树上啃食幼芽和叶片，专食叶肉，有的甚至将全叶吃光只剩主脉。不仅直接影响核桃抽梢和生长，而且还影响开花与结果。受害植株要到秋季才能长出一些新叶和秋梢。成虫在核桃等林木上的为害期长达2～3个月。

图3-49　核桃鞍象成虫

2. 形态特征

（1）成虫　体长4～6毫米，体黑色或红褐色，头喙向前延伸，喙宽大于长，鞘翅中央有许多不规则的暗褐色斑点。触角着生喙的端部，茶褐色，长为体长的2/3（图3-49）。

（2）卵　椭圆形，乳白色，长0.2～0.3毫米。

（3）幼虫　体长4～6毫米，体乳白色，头黄褐色。体弯曲，肥胖多皱纹。

（4）蛹　为裸蛹。体长4～6毫米，乳白色。

3. 生活习性及发生规律

在全国各地发生季节有所不同。在广东发生在3月下旬～7月中旬，在广西发生在4月下旬～6月下旬，在云南发生在5月下旬～7月下旬，在四川发生在5月上旬～7月下旬，在湖北发生在9月中旬。

一般一年发生1代，少数二年1代。以幼虫在地表6～13厘米的土层内筑一长6～8.5毫米，宽2～3毫米的椭圆形蛹室内越冬。春季当土温上升到10℃以上时开始活动和取食。3月底～4月初开始化蛹，蛹期20～30天。羽化后在蛹室内停留3～5天后出土。

5月上旬成虫出土活动，6～7月为成虫活动为害盛期，8月底～9月初还可见到少数成虫。成虫出土早晚与当年雨季来临的迟早有关，雨季来得早成虫出土就早，反之出土就迟。刚出土的成虫身体褐色或绛色或为当地的泥土色，在地表草丛里停留和活动3～5天后才变成绿色，同时出现暗褐色至黑色斑纹。成虫从泥土中钻出时核桃叶片既小又少，它们先啃咬蕨类、青冈的叶和花，最后才转移到核桃等寄主上啃食幼芽和叶片，专吃叶肉。有的甚至将全叶吃光只剩主脉。不仅直接影响核桃等寄主植物的抽梢和生长，而且还影响开花与结果。受害植株要到秋季才能长出一些新叶和秋梢。成虫在核桃等林木上的为害期长达2～3个月。天晴温度高成虫活跃，常在叶片正面活动和取食，下雨或晚上成虫多躲藏到叶片的背面。受到惊动时飞跳逃走。

4.防治妙招

（1）冬季树盘翻耕，可消灭部分过冬成虫、蛹和幼虫，还可兼防核桃举肢蛾。

（2）成虫为害期，树上可喷10%氯氰菊酯5000倍液，或48%毒死蜱乳油1500倍液。

十三、核桃卷叶象

属卷象科。

1.症状及快速鉴别

成虫一般产卵在阔叶上，以卵为中心，切叶片卷成筒巢，所以称为卷叶象。

图3-50　核桃卷叶象

2.形态特征

头呈长卵形，后端突然收缩成细颈状，与前胸相连。触角末端几节粗大，略呈棒状。前胸圆锥状，窄于鞘翅基部。足胫节端距呈两钩状，跗爪基部结合，可与其他象虫相区别（图3-50）。

3.防治妙招

（1）冬季树盘翻耕，可消灭部分过冬成虫、蛹和幼虫。

（2）成虫为害期，可喷10%氯氰菊酯5000倍液，或48%毒死蜱乳油1500倍液。

十四、金龟子

属昆虫纲、鞘翅目、金龟子科，是鞘翅目中的1个大科，种类很多。是一种杂食性害虫，可为害多种果树和林木。

1.症状及快速鉴别

成虫取食核桃树叶片，啃食植物嫩芽，被啃食的嫩叶呈不规则的缺口或孔洞（图3-51）。

图3-51　金龟子为害叶片症状

2.形态特征

（1）成虫　体多为卵圆形或椭圆形，触角鳃叶状，由9～11节组成，各节都能自由开闭。体壳坚硬，表面光滑，多有金属光泽。前翅坚硬，后翅膜质。幼虫生活在土中食害果树根部，但危害性不大（图3-52）。

图3-52　金龟子成虫

（2）幼虫　也称蛴螬。体乳白色，圆筒形（图3-53）。

图3-53　金龟子幼虫

3.生活习性

成虫多在夜间活动，有趋光性，假死性。

4.防治妙招

在春季、麦收后集中发生，注意加强防治，采用物理防治、生物防治、化学防治等多种方法进行综合治理，才能取得良好效果。

（1）**清园**　清扫核桃园枯枝落叶，铲除杂草，集中烧毁。

（2）**物理防治**　在成虫羽化出土高峰期，利用害虫趋光性，在核桃园外安装黑光灯，灯下放置水盆，水中滴入一些煤油，进行诱杀。

（3）**人工防治**　利用成虫的假死性，采取摇动树枝让成虫掉落在地上，人工捕捉收集处理。

（4）**生物防治**　核桃园里放养鸡、鸭，保护核桃园的鸟类、青蛙、蛇、寄生蜂等天敌，利用鸡、鸭和天敌捕食金龟子害虫。

（5）**化学防治**

① **毒杀幼虫**　结合松土整地，每667平方米用5%辛硫磷颗粒5～7千克，撒施在树冠地面，然后翻入土中，毒杀幼虫。

② **毒杀成虫**　在成虫盛发期的傍晚喷药，可选用90%晶体敌百虫800倍液，或50%敌敌畏乳油800～1000倍液，或50%辛硫磷1000倍液，或10%灭百可1000倍液，或灭虫灵1500倍液等药剂进行喷雾防治。

十五、桑白蚧

也叫桃介壳虫、桃树白介壳虫、桑盾蚧、桑介壳虫、桑白盾蚧，为同翅目、盾蚧科、拟白轮盾介属。

1.症状及快速鉴别

以雌成虫和若虫群集固着在核桃枝干上吸食养分。严重时灰白色的介壳密集重叠，造成枝条表面凹凸不平，树势衰弱，枯枝增多，甚至全株死亡（图3-54）。

2.形态特征

（1）**成虫**　雌成虫橙黄或橙红色，体扁平，卵圆形，长约1毫

图 3-54　桑白蚧为害症状

米，腹部分节明显。雌介壳圆形，直径2～2.5毫米，背面略隆起，有螺旋纹，灰白至灰褐色，壳顶黄褐色，在介壳中央偏向一侧。雄成虫橙黄至橙红色，体长0.6～0.7毫米，仅有翅1对。雄介壳细长，白色，长筒形，长约1毫米，背面有3条突出的纵脊，壳点橙黄色，位于介壳的前端（图3-55）。

图 3-55　桑白蚧成虫

（2）**卵**　椭圆形，长0.25～0.3毫米。初产淡粉红色，渐变淡黄褐色，孵化前为橙红色。

（3）**若虫**　初孵若虫淡黄褐色，扁椭圆形，体长约0.3毫米，可见触角、复眼和足，能爬行，腹末端具尾毛2根，体表有绵毛状物遮盖。1龄若虫椭圆形，橙黄色，有触角1对，腹部末端有尾毛2根，两眼间有2个腺孔，分泌蜡丝遮盖身体形成介壳。2龄时蜕皮之后，眼、触角、足及尾毛均退化或消失，开始分泌蜡质介壳，分化成雌、雄两性（图3-56）。

（4）**蛹**　橙黄色，长椭圆形。

3. 生活习性及发生规律

主要在南方发生，每年发生5代。主要以受精雌成虫在核桃枝干

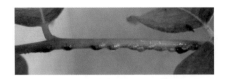

图3-56　桑白蚧若虫

上越冬。春季越冬雌虫开始吸食树液，虫体迅速膨大，体内卵粒逐渐形成，很快在介壳内雌虫体下产卵。每雌虫产卵50～120粒。卵期约10天，夏秋季节卵期4～7天。若虫孵出后具触角、复眼和胸足，初孵幼虫善爬行，从介壳底下各自爬向合适的处所，以口针插入树皮组织吸食汁液后就固定不再移动。5～7天后经蜕皮后触角和足消失，开始分泌出白色蜡粉覆盖于体上形成介壳。雌若虫期2龄，第2次蜕皮后变为雌成虫。雄若虫期也为2龄，蜕第2次皮后变为"前蛹"，再经蜕皮为"蛹"，最后羽化为有翅的雄成虫。但雄成虫寿命仅约1天，交尾后不久就会死亡。

一般第一代若虫主要为害枝干，第二代若虫除为害枝干外还为害果实，第三代若虫还可为害当年的新梢。

4. 防治妙招

（1）加强苗木和接穗的检疫　按照检疫制度实行严格检疫，防止害虫扩散蔓延。

（2）人工防治　因介壳较为松弛，可用硬毛刷或细钢丝刷刷除寄主枝干上的虫体。结合整形修剪除被害严重的枝条。

（3）化学防治　一般药物防治介壳虫相对比较困难，尤其是在介壳虫成虫的盛发期，因为介壳虫表面有一层厚厚的蜡质层。防治的最佳时期是若虫期，一般5月前后防治效果比较好。等到7～8月介壳虫为害严重了，甚至更晚进行防治，效果均不理想。

萌芽前可喷洒1～2次5波美度石硫合剂，或100倍机油乳剂，消灭越冬雌成虫，要求充分喷湿喷透。

在幼龄孵化期可用低毒高效的农药喷杀，常用40%啶虫•毒1500～2000倍液，或2.5%溴氰菊酯500～600倍液，或5%高效鱼藤精2000～3000倍液，或50%马拉硫磷乳剂1000倍液，或40%速扑杀乳剂700倍液。由于若虫孵化期前后延续时间较长，每5～7天喷1次，连续2～3次，有较好的防治效果。

提示　虫体密集成片时，喷药前可用硬毛刷刷除后再进行喷药，以利药液充分渗透。

（4）保护和利用天敌　桑白蚧的天敌种类较多，有多种寄生性和捕食性天敌。如多种蚜小蜂、跳小蜂、瓢虫和日本方头甲等都是控制桑白蚧的有效天敌，可以充分利用。桑白蚧褐黄蚜小蜂是寄生性天敌中的优势种，田间寄生蜂的自然寄生率比较高，有时可达70%～80%。此外红点唇瓢虫和日本方头甲草蛉等的捕食量也很大，是捕食性天敌中的优势种，它们是在自然界中控制桑白蚧的有效天敌，应注意保护和利用（图3-57）。

图3-57　多种瓢虫是桑白蚧的天敌

十六、核桃草履介壳虫

因雌成虫形似草鞋状，也叫草鞋介壳虫、草履蚧、柿裸蚧，属绵蚧科、草履介壳虫属。

1.症状及快速鉴别

若虫和雌成虫常成堆聚集，以刺吸口器插入嫩枝皮和嫩芽内吸食汁液，影响发芽和树势，造成树势衰弱，导致枝条干枯死亡，影响产量。被害枝干上有1层黑霉，受害越重黑霉越多（图3-58）。

2.形态特征

（1）成虫　雌雄异型。雌成虫无翅，靠针一般的口器取食植物汁

图3-58　固定树枝吸食汁液为害

液。体长8～10毫米，宽4～5毫米。扁平，椭圆形，灰褐色。背面隆起似草鞋，黄褐至红褐色，疏被白色薄蜡粉，不形成介壳。

　　雄成虫体长5～6毫米，具宽大的1对翅，翅展10～11毫米，紫红色或覆白粉，不形成介壳。触角黑色细长，约26节念珠状，各环节具细毛，腹部末端有4根体肢，善于飞行。口器退化，羽化后不取食，且个体小于雌虫（图3-59，图3-60）。

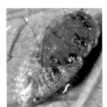

图3-59　雌虫形状如草鞋的鞋底

图3-60　雄虫体背紫色，翅膀宽广，局部，胸背板瘤突状

　　（2）卵　椭圆形，长1～1.2毫米。初产时黄白色，渐变成赤褐色。

（3）若虫　体型与雌成虫相似，赤褐色，体小色深（图3-61）。

图3-61　若虫体被白粉，群聚，固定树枝吸食汁液

（4）蛹　雄蛹圆锥形，淡红紫色，长约5毫米，外被白色蜡状物。

3.生活习性及发生规律

一年发生1代。以卵和若虫在寄主树干周围土缝和砖石块下或10～12厘米深的土层中越冬。在河北2月开始孵化，在河南最早在1月即有若虫出土。初龄若虫行动迟缓，天暖时上树，天冷回到树洞或树皮缝隙中隐蔽群居。后顺着树干爬至嫩枝、幼芽等处取食，雌虫经3次蜕皮后变成雌成虫，雄虫第2次蜕皮后化蛹。4月为害最严重，4月下旬在树皮缝或树洞中化蛹，4月下旬～5月上旬羽化，多在傍晚活动。雄成虫不取食寿命约3天，羽化的雄成虫与雌虫交尾后死亡。

雌虫交尾后仍需吸食为害，5月中下旬～6月初雌成虫下树潜入树根土缝、树干周围石块下分泌白色棉状卵囊，在其中产卵，产卵后即死亡，以卵越冬。小若虫有日出上树午后下树的习性，稍大后不再下树。若虫和雌成虫常成堆聚集在芽腋、嫩梢、叶片和枝干上吮吸汁液为害，造成植株生长不良，早期落叶。受害严重的枝条推迟发芽，甚至枯死。

4.防治妙招

（1）消灭虫源　冬季结合刨树盘，挖除在根颈附近土中越冬的虫卵。在雄虫化蛹期及雌虫产卵期清除附近墙面的虫体。

（2）人工防治　在夏末成虫产卵后或在秋冬季节，发动果农清扫虫卵。或在有草履介壳虫发生地区的冬季进行土壤处理，在树下冬翻表层土壤让虫卵冻死，减少虫口基数，控制害虫的暴发成灾。

诱杀雌成虫卵。雌成虫下树产卵前在树干周围挖宽30厘米、深20厘米的环状沟，沟里填满杂草，引诱雌成虫产卵。待产卵结束后取出杂草烧毁，可消灭大部分虫卵。

（3）阻隔防治法

① 树干涂黏胶环带　早春2月初在树干基部刮除老皮，若虫上树为害时在树干基部涂6～10厘米宽的黏胶环带阻止若虫上树。黏胶配制方法：废机油1份、石油沥青1份，加热溶解后搅匀即成。如果在胶带上再包一层塑料布，下端呈喇叭状（先剪成梯形，再围在树干上）效果更好。

② 毒环阻隔法　树干涂毒胶环。用机油、敌敌畏乳油1:1搅拌均匀，在树干基部涂约10厘米宽的黏虫带，粘住并杀死上树若虫。也可采用机油和羊毛脂按5:1（质量比）混合，在初孵若虫上树前的1月上旬～2月上旬进行涂环阻隔防治。

③ 人工绑塑料条阻隔法　4月上旬草履介壳虫出土上树之前，将质地光滑较硬的塑料薄膜裁成宽30厘米的长条，在距地表1～1.5米处将树干老皮刮平，环宽10厘米，将塑料薄膜沿环缠绕1周，用绳子将塑料薄膜捆绑结实，阻隔若虫上树，每天下午将阻隔带下的若虫扫除，集中烧毁（图3-62）。

图3-62　塑料薄膜沿环缠绕1周，阻隔若虫上树　　图3-63　在根颈部周围地表撒毒土

在若虫上树前可用6%的柴油乳剂喷在根颈部周围表土，或有5%辛硫磷粉剂掺细土做成毒土，每667平方米用药2千克，雨后施用效

果更好（图3-63）。

提示 废机油内含汽油易造成药害，使用时可先绑塑料薄膜，然后再涂药。

（4）药剂防治 若虫上树初期，即2月中下旬～3月初可喷50%对硫磷2000倍液，或10%的氯氰菊脂1500倍液，或2.5%溴氰菊脂（敌杀死）500倍液，或蚧死净800倍液，或乐斯本、敌敌畏等药剂毒杀，喷杀阻隔环下的草履蚧初孵若虫。若虫下树后在核桃发芽前若虫期，可喷3～5波美度石硫合剂；发芽后可喷敌敌畏800倍液。孵化始期后约40天可喷施30号机油乳剂30～40倍液，或喷5%吡虫啉乳油1000倍液，或25%西维因可湿性粉剂400～500倍液，作用快速，对人体安全。施用化学药剂时尽量少损伤天敌。

化蛹羽化及产卵期，即4月中下旬～5月初和5月下旬～6月初，可用水胺硫磷＋久效磷1500倍液，或蚧死净600倍液等药剂喷雾防治。

提示 阻隔防治效果非常好。在若虫出土上树时，先阻隔再喷药，效果加倍。

（5）生物防治 保护和利用天敌昆虫，如大星瓢虫、红环瓢虫、黑缘红瓢虫、暗红瓢虫等天敌。

十七、梨圆介壳虫

也叫梨齿盾蚧、梨丸介壳虫、轮心介壳虫，属盾蚧类。

1.症状及快速鉴别

可寄生核桃树的所有地上部分，特别是枝干被害后，受害枝条衰弱，叶稀疏，引起皮层木栓化和韧皮部、导管组织衰亡，皮层爆裂，抑制生长，引起落叶，甚至造成枝梢干枯和整株死亡。

果实被害，虫体多集中寄生在萼洼和梗洼处，呈黄色圆斑，围绕虫体周围有紫红色晕圈，果面变黄色斑，稍凹陷。后期虫体为害处发生黑褐色斑。

2.形态特征

（1）成虫　雌雄异体。雌成虫体扁圆形，橙黄色，体背覆盖灰白色圆形蚧壳，有同心轮纹，蚧壳中央稍隆起，称为壳点，壳点黄色或褐色。雄成虫橙黄色，前翅乳白色，半透明，后翅退化为平衡棒，腹部橘黄色，蚧壳长椭圆形，灰白色，壳点偏向一边（图3-64）。

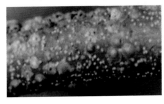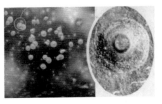

图3-64　梨圆介壳虫成虫

（2）若虫　初孵若虫扁椭圆形，淡黄色。3龄时可区分雌雄。雌虫蚧3次蜕皮，蚧壳圆形。雄虫2次蜕皮，蚧壳长椭圆形（图3-65）。

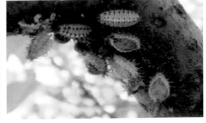

图3-65　梨圆介壳虫若虫

（3）蛹　雄虫化蛹，长锥形，淡黄色，藏于蚧壳下。

3.生活习性及发生规律

在辽宁南部、山东和陕西一年发生3代。以2龄若虫及少数受精雌虫在枝干上越冬。翌年3月中下旬开始取食为害。雄虫4月中旬化蛹，5月上中旬羽化交尾后死亡。越冬雌虫继续取食约1个月，到6月上中旬胎生若虫，可延迟到7月上旬。第一代雌虫产仔期在7月下旬～9月上旬，第二代在9～11月上旬，世代不整齐。

梨圆蚧营两性胎生繁殖，各代雌、雄性比不同，第一代为1.7：1，第二代为1：1.2。各代产仔数在54～108头，以第二代产仔数最高，最多单雌产仔362头。初龄若虫产出后，向嫩枝、果实、叶片上爬行，在1～2天内找到合适部位将口器插入寄主组织内固定不再移动，分泌蜡丝逐渐形成白色介壳。远距离传播主要靠苗木、接穗和果品调运。

自然抑制因子较多，主要包括越冬期死亡、自身密度拥挤性死亡和天敌的寄生与捕食等。在东北地区越冬期死亡可达36.4%。捕食性天敌以红点唇瓢虫和肾斑唇瓢虫最常见，1头瓢虫成虫在1个月内可捕食梨圆蚧成虫和若虫700头，幼虫每月捕食350头。寄生性天敌有小蜂和短缘毛蚧小蜂等。

4.防治措施

（1）芽萌动前可喷5波美度石硫合剂，或5%柴油乳剂，或5%机械油乳剂等，杀死越冬若虫，效果很好。

（2）检查接穗和苗木，发现有害虫的接穗和苗木挑选出来淘汰掉，防止人为传播。

（3）药剂防治。成虫产卵期喷药防治。可喷速灭杀丁2000倍液，或功夫菊酯3000倍液，或天王星2000倍液，或杀灭菊酯2000倍液，或溴氰菊酯等2000～3000倍液，可杀死害虫和产卵期间的雌虫。

十八、康氏粉蚧

又称梨粉蚧、李粉蚧、桑粉蚧，属粉蚧类。

1.症状及快速鉴别

以成虫和若虫刺吸核桃的幼芽、嫩枝、叶片、果实和根部的汁液。嫩枝被害后常常肿胀，树皮纵裂而枯死。

2.形态特征

（1）成虫　雌成虫体长4.5～4.8毫米，宽2.5～2.8毫米，椭圆形，淡紫色，身被白色蜡粉，触角8节。雄成虫体长1～1.2毫米，灰黄色，翅透明，在阳光下有紫色光泽，触角10节（图3-66）。

（2）卵　长0.32毫米，宽0.17毫米，椭圆形，淡黄色。

（3）若虫　刚孵化的若虫为淡黄色，体长0.5毫米，触角6节，

图3-66　康氏粉蚧

上面有很多刚毛。体缘有17对乳头状突起，腹末有1对较长的针状刚毛。蜕皮后虫体逐渐增大，体上分泌出白色蜡粉并逐渐加厚。体缘的乳头状突起逐渐形成白色蜡毛。

3.生活习性及发生规律

在河南、河北一年发生3代，吉林发生2代。以卵在被害树干、枝条粗皮缝隙、石缝、土块中以及其他隐蔽场所越冬。翌年春季树发芽时越冬卵孵化为若虫，食害寄主植物幼嫩部分。第一代若虫发生盛期在5月中、下旬，第二代在7月中、下旬，第三代在8月下旬。雌性若虫的发育期35～50天，蜕皮3次变为雌成虫。雄性若虫发育期25～37天，后期生活在长形的白色茧中，蜕2次皮后进入前蛹期，进而化蛹。雄成虫羽化时正是雌虫刚蜕完第3次皮变为雌成虫时。雌、雄交尾后雌成虫爬到枝干粗皮裂缝内或果实萼洼、梗洼等处产卵，有的将卵产在土内。产卵时雌成虫分泌大量似棉絮状蜡质形成卵囊，卵产在囊内。每雌虫产卵200～400粒，成虫产卵后皱缩死亡。

4.防治妙招

（1）**合理修剪**　防止枝叶过密，保持树体通风透光，给粉蚧造成不利的环境条件。

（2）**减少虫源**　秋季修剪时清除枯枝落叶。刷除消灭越冬卵块，集中烧毁。

（3）**药剂防治**　生长前期的4～6月份在各代若虫孵化期，可喷50%三硫磷乳油2000倍液，或80%的敌敌畏乳油1000～1500倍液，或25%亚胺硫磷乳油300～400倍液杀灭若虫。

十九、核桃蚜虫

也叫蜜虫、腻虫等，为刺吸式口器害虫，种类多，主要有多毛黑斑蚜、小麦蚜虫、苹蚜、菜蚜、桃蚜等，属同翅目、蚜科。

1.症状及快速鉴别

常群集于叶片、嫩茎、花蕾、顶芽等部位刺吸为害核桃嫩芽、树叶汁液，使芽、叶片皱缩、卷曲、畸形。雄花枯死，雌花不能展开。树势减弱，产量下降。严重时引起枝叶枯萎，甚至整株死亡。蚜虫分泌的蜜露还会诱发煤污病、病毒病，并招来蚂蚁为害等（图3-67）。

图3-67 核桃蚜虫为害症状

2.形态特征

（1）**成虫** 第一代蚜（干母）赭色，体长2～2.5毫米，体背多皱纹，具肉瘤，口针细长，伸达腹末，触角短，4节。初孵若蚜黄色，取食后变为暗绿色，形似"乌龟壳"。第二代蚜（干雌）体扁，椭圆形，腹背有绿色斑带2条和不甚明显的瘤状腹管。第三代蚜（性母）体长约2毫米，成虫为有翅蚜，前翅长为体长的2倍。第四代蚜（性蚜）体无翅，无腹管，触角4节，端节一侧有凹刻（图3-68）。

（2）**若蚜** 与干雌相似，但触角端节一侧有凹刻。

（3）**卵** 椭圆形，长约0.6毫米。初产时白色，渐变为黑色发亮，表面有白色蜡毛。

3.生活习性及发生规律

一年发生4代。以卵在核桃芽缝、叶痕以及枝条破损裂缝中越

图3-68　核桃芽虫成虫

冬，一处1粒、多粒至十几粒。翌年2月上中旬孵化为干母（第一代），爬至核桃树芽上刺吸取食，2月中下旬又从芽上陆续转移到芽下小枝上刺吸为害。3月中下旬发育为成熟母蚜（乌龟壳），以孤雌胎生方式繁殖，产下第二代小蚜（干雌），1只第一代母蚜生出第二代小蚜（干雌）平均为160只。第二代小蚜一经产下便爬至正在萌发中的核桃芽上刺吸为害。到4月上中旬又开始进行孤雌胎生产下第三代小蚜（性母），聚集在核桃新叶上刺吸为害，一只第二代干雌生出第三代小蚜平均为110只。蚜虫经过2代繁殖虫口剧增，世代重叠，此时1、2、3代蚜虫都可看到，竞相刺吸为害，进入为害盛期。到4月下旬第三代小蚜发育成为有翅蚜（性母）。不久有翅蚜产下非常微小的第4代小蚜（越夏型），5月上旬开始在核桃叶背越夏，到9月上旬苏醒过来开始活动。11月上旬发育为无翅雌、雄蚜，交配后产卵在核桃芽、叶痕以及枝干破损裂缝中过冬。

提示　核桃蚜虫的繁殖力很强，世代重叠现象突出。

4.防治妙招

在蚜虫的防治上，应利用各种综合措施，提高防治效果。

（1）消灭蚜虫，要从越冬期开始，可收到事半功倍之效，如果单纯依靠在蚜害最严重的春、秋季进行，防治效果并不显著。结合修剪，将蚜虫栖居或虫卵潜伏过的病枯枝叶彻底清除，集中烧毁。

（2）对新引进的种苗应严格检查，防止外地新害虫的侵入，对土壤及苗木进行消毒，杀死残留的蚜虫卵。

（3）结合修剪，将蚜虫栖居或虫卵潜伏过的残花、病枯枝叶彻底清除，集中烧毁。

（4）有条件的还可保护和利用草蛉、步行虫、食蚜蝇等天敌，进行生物防治（图3-69～图3-71）。

图3-69　草蛉

图3-70　步行虫　　　　　　图3-71　食蚜蝇

（5）**药剂防治**　3月下旬～4月初可用5%吡虫啉乳剂（1∶3）在树干齐胸高的部位环状打孔，滴药防治，每孔间隔10厘米，孔洞的倾斜角为45°，孔洞深至木质部1厘米以上，每孔滴药约2毫升。

4月初可喷5%蚜虱净乳油1000～1500倍液，效果较好；或用1∶15的比例配制烟叶水，泡制4小时后喷洒；或用1∶4∶400的比例配制洗衣粉、尿素、水的溶液喷洒；或用马拉硫磷乳剂1000～1500倍液，或敌敌畏乳油1000倍液，或高搏（70%吡虫啉）水分散粒剂15000～20000倍液喷洒。

对粉蚜一类被有蜡粉的蚜虫，施用药剂时均应加0.1%中性肥皂水或洗衣粉。

（6）物理防治　合理布局，减少蚜虫在田间迁飞。有条件地区夏季少种植十字花科蔬菜，清洁田园，断绝或减少蚜源。

① 银膜避蚜　核桃园四周铺17厘米宽的银灰色薄膜，上方挂银灰薄膜条。田间每隔一段铺设银灰膜条，均可避蚜或减少有翅蚜迁入。

② 黄板诱蚜　春秋季节在田间插埋涂有机油的黄板，诱杀有翅蚜，减少田间蚜量。

二十、核桃黑斑蚜

属同翅目、斑蚜科，为1986年以来先后在辽宁、山西、北京等地发现的核桃新害虫。在山西省核桃产区普遍发生，有蚜株率达90%，有蚜复叶约占80%。

1. 症状及快速鉴别

以成、若蚜在核桃叶背及幼果上刺吸为害（图3-72）。

图3-72　核桃黑斑蚜为害状

2. 形态特征

（1）干母　1龄若蚜体长0.53～0.75毫米，长椭圆形，胸部和腹部第1～7节背面每节有4个灰黑色椭圆形斑，第8腹节背面中央有1较大横斑。第3、4龄若蚜灰黑色斑消失。腹管环形。

（2）有翅孤雌蚜　成蚜体长1.7～2.1毫米，淡黄色，尾片近圆形。3、4龄若蚜在春秋季腹部背面每节各自有1对灰黑色斑，夏季多无斑。

（3）**性蚜** 雌成蚜体长1.6～1.8毫米，无翅，淡黄绿至橘红色。头和前胸背面有淡褐色斑纹，中胸有黑褐色大斑。腹部第3～5节背面各有1个黑褐色大斑。雄成蚜体长1.6～1.7毫米，头胸部灰黑色，腹部淡黄色。第4、5腹节背面各有1对椭圆形灰黑色横斑。腹管短圆锥形，尾片上有毛7～12根。

（4）**卵** 长0.5～0.6毫米，长卵圆形。初产时黄绿色，后变为黑色光亮，卵壳表面有网纹。

3.生活习性及发生规律

每年发生12～15代。以卵在枝杈、叶痕等处的树皮缝中越冬。翌年4月中旬为越冬卵孵化盛期，孵出的若蚜在卵壳旁停留约1小时后开始寻找膨大树芽或叶片刺吸取食。4月底～5月初干母若蚜发育为成蚜，孤雌卵胎生产生有翅孤雌蚜。有翅孤雌蚜不产生无翅蚜。成蚜较活泼可飞散至邻近树上。成、若蚜均在叶背及幼果上为害。8月下旬～9月初开始产生性蚜，9月中旬性蚜大量产生，雌蚜数量是雄蚜的2.7～21倍。交配后雌蚜爬向枝条选择合适部位产卵，以卵越冬。

4.防治妙招

（1）**药剂防治** 一年有2个为害高峰，分别在6月和8月中下旬～9月初。在2个高峰前每复叶蚜量达50头以上时，开始喷50%抗蚜威可湿性粉剂5000倍液，或35%伏杀磷乳剂1000倍液，均有很好的防治效果。

（2）**保护天敌** 核桃黑斑蚜的天敌主要有七星瓢虫、异色瓢虫、大草蛉等，应注意保护和利用。

二十一、大青叶蝉

也叫青叶蝉、青跳蝉、青叶跳蝉、大绿浮尘子、青头虫等，属同翅目、叶蝉科。

1.症状及快速鉴别

以成虫和若虫为害叶片，以刺吸式口器刺吸汁液，造成褪色、畸形、卷缩，严重时全叶或整株枯死，此外可传播病毒病。

大青叶蝉对核桃树的为害主要是产卵造成的，是苗木和定植幼树的大敌。受害重的苗木或幼树的枝条逐渐干枯。严重时可造成全株死亡（图3-73）。

图3-73　大青叶蝉产卵为害状

2.形态特征

（1）成虫　雌虫体长9.4～10.1毫米，头宽2.4～2.7毫米。雄虫体长7.2～8.3毫米，头宽2.3～2.5毫米。身体黄绿色，头橙黄色，复眼黑褐色，有光泽。头部背面具单眼2个，两单眼之间有多边形黑斑点。前胸背板前缘黄绿色，其余为绿色，前翅绿色并有青蓝色光泽，末端灰白色半透明，后翅及腹背面烟黑色半透明。腹部两侧、腹面及胸足橙黄色。前、中足的附爪及后足腔节内侧有黑色细纹，后足排状刺的基部为黑色（图3-74）。

图3-74　大青叶蝉成虫

（2）卵　长卵圆形，长约1.6毫米，宽0.4毫米。乳白色，中间微弯曲，一端稍细，表面光滑。近孵化时变为黄白色。约10粒排列成卵块。

（3）若虫 初孵化时为白色微带黄绿，头大腹小，复眼红色。2～6小时后体色渐变淡黄、浅灰或灰黑色。3龄后黄绿色，体背面有褐色纵条纹，出现翅芽。老熟若虫体长6～7毫米，头冠部有2个黑斑，胸背及两侧有4条褐色纵纹直达腹端，似成虫，仅翅未完成发育。

3.生活习性及发生规律

一年发生3代。以卵在树干、枝条或幼树树干的表皮下越冬。翌年4月孵化出若虫，若虫近孵化时卵的顶端常露在产卵痕外。孵化时间均在早晨，以7：30～8：00为孵化高峰。越冬卵的孵化与温度关系密切，孵化较早的卵块多在树干的东南向。若虫孵出后约经1小时开始取食，1天后跳跃能力逐渐强大，转移到附近的作物及杂草上群集刺吸为害，在寄主叶面或嫩茎上常见10多头或20多头若虫群聚为害，偶然受惊便斜行或横行，由叶面向叶背逃避，如惊动太大便跳跃而逃。一般早晨气温较冷或潮湿时不活跃，午前到黄昏较为活跃。若虫爬行一般均由下往上多沿树木枝干上行，极少下行。若虫孵出3天后大多由原来产卵寄主植物上转移到矮小的禾本科农作物寄主上为害。第一代若虫期平均43.9天，并在这些寄主上繁殖2代，第二、三代若虫平均24天。5～6月出现第一代成虫，7～8月出现第二代成虫，第三代成虫9月出现，仍为害上述寄主。在大田作物秋收后即转移到绿色多汁蔬菜或晚秋作物上。到10月中旬成虫开始迁往核桃等果树上产卵，10月下旬为产卵盛期并以卵态越冬。成、若虫喜栖息在潮湿背风处，往往在嫩绿植物上群集为害，有较强的趋光性。

4.防治妙招

（1）在成虫发生期可利用其趋光性用黑灯光诱杀，夏季灯火诱杀第二代成虫，减少第三代的发生，可以大量消灭成虫。成虫早晨不活跃，可以在露水未干时进行网捕。

（2）在成虫产越冬卵前，幼树树干涂白可阻止成虫产卵。在幼树主干或主枝上缠纸条也可阻止成虫产卵。

（3）对于卵量较大的植株特别是幼树，可组织人力用小木棍将树干上的卵块压死。

（4）在9月底～10月初收获庄稼时（约10月中旬）雌成虫转移

至树木产卵，以及4月中旬越冬卵孵化幼龄若虫转移到矮小植物上时虫口集中，可喷洒80%敌敌畏乳剂1000倍液，或25%喹硫磷乳剂1000倍液，或20%叶蝉散乳剂1000倍液，90%敌百虫晶体1000倍液，或50%辛硫磷乳油1000倍液喷杀。必要时，可喷洒2.5%保得乳油2000～3000倍液，或10%大功臣可湿性粉剂3000～4000倍液。

二十二、山楂红蜘蛛

也叫山楂叶螨、樱桃红蜘蛛，为蜱螨目、叶螨科。

1.症状及快速鉴别

成、若、幼螨刺吸核桃芽、叶的汁液。叶片受害初期呈现很多失绿小斑点，逐渐扩大连片。严重时全叶苍白枯焦，早落，削弱树势，影响花芽形成和翌年的产量（图3-75）。

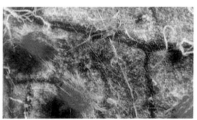

图3-75　山楂红蜘蛛为害状

2.形态特征

（1）成螨　雌螨有冬、夏型之分，冬型体长0.4～0.6毫米，朱红色，有光泽。夏型体长0.5～0.7毫米，紫红或褐色，体背后半部两侧各有1个大黑斑，足浅黄色。体均为卵圆形（图3-76）。

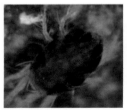

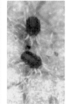

图3-76　山楂红蜘蛛成螨

（2）**幼螨** 足3对，体圆形，黄白色。取食后，卵圆形，浅绿色，体背两侧出现深绿色长斑。

（3）**若螨** 足4对，淡绿至浅橙黄色，体背有刚毛，两侧有深绿斑纹，后期与成螨相似。

3. 生活习性及发生规律

以受精雌螨在树体各种缝隙内及树干基部附近土缝里群集越冬。翌年春季日平均气温达9～10℃时出蛰为害芽，展叶后到叶背为害，此时为出蛰盛期，整个出蛰期达40余天。取食7～8天后开始产卵，盛花期为产卵盛期，卵期8～10天。落花后7～8天卵基本孵化完毕。同时出现第一代成螨，第一代卵30余天达孵化盛期，此时各虫态同时存在世代重叠。一般6月前温度低完成1代需20余天，虫量增加缓慢。夏季高温干旱9～15天即可完成1代，卵期4～6天。麦收前后为全年发生的高峰期。由于食料不足营养恶化，常提前出现越冬雌螨潜伏越冬。食料正常的情况下进入雨季，由于高湿并且天敌数量的增长导致山楂叶螨虫口显著下降，至9月可再度上升为害，10月陆续以末代受精雌螨潜伏越冬。成、若、幼螨喜在叶背群集为害，有吐丝结网习性，田间雌螨占60%～85%。春、秋世代平均每雌螨产卵70～80粒，夏季世代20～30粒。非越冬雌螨的寿命春、秋两季为20～30天，夏季7～8天。

4. 防治妙招

（1）**保护和引放天敌** 天敌有食螨瓢虫、小花蝽、食虫盲蝽、草蛉、蓟马、隐翅甲、捕食螨等数十种。尽量减少杀虫剂的使用次数，或使用不杀伤天敌的药剂以保护天敌。特别是花后大量天敌相继上树，如不喷药杀伤往往可将害螨控制在经济允许水平以下。个别核桃树害螨严重平均每叶达5头时应进行"挑治"，防止普治大量杀伤天敌。

（2）**刮除老皮** 休眠期刮除老皮，重点是刮除主枝分叉以上的老皮，主干可不刮皮，以保护主干上越冬的天敌。

（3）**树干基部培土** 幼树山楂叶螨主要在树干基部土缝里群集越冬，可在树干基部培土拍实，防止越冬螨出蛰上树。

（4）**药剂防治** 发芽前结合防治其他害虫，可喷5波美度石硫合剂，或45%晶体石硫合剂20倍液，或含油量3%～5%的柴油乳剂，特别是刮皮后施药效果更佳。

开花前是进行药剂防治叶螨和多种害虫的最佳施药时期。在做好虫情测报的基础上及时全面进行药剂防治，可控制害虫在为害繁殖之前。可用0.3～0.5波美度石硫合剂（或45%晶体石硫合剂300倍液）＋35%氧乐氰乳油2000倍液（或40%水胺硫磷乳油1500～2000倍液），或10%天王星乳油6000～8000倍液，或20%灭扫利乳油3000倍液，或50%久效磷乳油1500倍液，或50%硫黄悬浮剂200倍液，或50%抗蚜威超微可湿性粉剂3000～4000倍液，或25%倍乐霸可湿性粉剂1000～2000倍液，或5%霸螨灵悬浮剂1000～2000倍液，或15%扫螨净乳油3000倍液，或21%灭杀毙乳油2500～3000倍液，或20%螨卵酯可湿性粉剂800～1000倍液，或50%溴螨酯乳油1000倍液，或25%三唑锡可湿性粉剂1000倍液，或5%尼索朗乳油1000～2000倍液，或73%克螨特乳油3000～4000倍液，或25%除螨酯（酚螨酯）乳油1000～2000倍液，或40%乐杀螨乳油2000倍液等多种杀螨剂应交替使用。

> **注意** 药剂的轮换使用可延缓叶螨耐药性产生。对产生抗性的叶螨可选用速灭威、功夫等杀虫剂加入等量的消抗液，效果会明显增加。

二十三、核桃举肢蛾

也叫核桃黑，属鳞翅目、举肢蛾科。为专性食核桃果实的害虫，以幼虫大量食核桃青果皮乃至果仁。幼虫蛀入核桃青果内纵横串食为害，导致大量青果变黑而早落，存留的黑果也失去经济价值，果实被害率可达30%～90%。根据其为害状俗称"核桃黑"。发生严重时果实被害率可达90%以上，对核桃产量和品质影响极大，是核桃主要害虫之一。

1.症状及快速鉴别

主要为害核桃果实，以幼虫蛀入果实和种仁为害。幼虫孵化后蛀入核桃果内（总苞）以后，随着幼虫的生长在果实表皮内蛀食为害，专吃青皮，纵横串食多条隧道，虫咬过的蛀道里充满虫粪，一个果内幼虫可达几头，多的30余头。被害处青皮表面逐步变黑或起皱并开始凹陷，有的青皮表面呈现一条条浅痕并皱缩，使整个果皮全部变黑皱缩成黑核桃。有的果实呈现片状或条状黑斑，核桃仁（子叶）发育不良，表现为干缩变黑，故称"黑核桃"，严重影响核桃产量和质量（图3-77）。

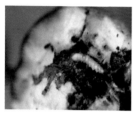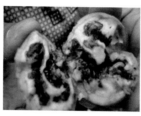

图3-77　核桃举肢蛾为害核桃果实，造成黑核桃

2.形态特征

（1）成虫　体长5～8毫米，翅展10～15毫米，体黑褐色，被银灰色大鳞片。后翅褐色，有金属光泽，复眼红色。触角丝状，淡褐色（图3-78）。

图3-78　核桃举肢蛾成虫

（2）卵　椭圆形，长0.3～0.4毫米。初产时乳白色，渐变为黄白色、黄色或浅红色，近孵化时呈红褐色。

（3）幼虫　初孵化时体黄白色，头部黄褐色，体长1.5毫米。老熟幼虫体长7～13毫米，头部暗褐色，胴部淡黄白色半透明，背面稍带粉红色，被有稀疏白色刚毛。专吃果实青皮（图3-79）。

图3-79 幼虫及为害状

（4）蛹　纺锤形，初为黄色，近羽化时为深褐色，长4～7毫米。

（5）茧　长椭圆形，略扁平，褐色，上面密缀草屑末和细土粒，长7～10毫米。较宽一端有黄白色缝合线，常露于土表，为成虫羽化时的出口。

3. 生活习性及发生规律

在河南、陕西、四川、云南等西南核桃产区每年发生2代，河北、北京、山西每年1代，每年发生的时期及世代随着海拔高度与气候条件不同而异。高海拔地区每年发生1代，低海拔地区每年2代。均以老熟幼虫在树冠下1～3厘米深的土内、树干基部粗皮裂缝内、杂草、石块与土壤间结茧越冬。越冬幼虫化蛹后于翌年5月初开始羽化出土，5月中下旬为羽化出土盛期。第一代幼虫在青皮内蛀食后还可钻入核壳或种仁中继续为害。在河北越冬幼虫在翌年6～7月下旬化蛹，盛期在6月中下旬，蛹期约7天。成虫发生期在6月上旬～8月上旬，盛期在6月下旬～7月上旬。成虫昼伏夜出白天少见，略有趋光性，多栖息在核桃下部叶片背部及地面草丛、石块或核桃叶背面。晚7时前后飞翔，多在树冠下部叶片背部活动和交尾产卵。成虫多产卵在两果相接处的缝隙内，其次是萼凹处，只有少数卵产在梗凹附近或叶柄和果实的端部残存柱头上，卵散产，一般每果上产1～4粒。后期数量较多，每果上可产卵7～8粒。每只雌虫产卵30～40粒，卵期4～6天，成虫寿命约1周。5月中旬核桃拇指甲大小时孵出第一代幼虫。幼虫孵化后在果面上爬行1～3小时后才蛀入果实为害。初蛀入时入果孔外呈现白色胶珠，初透明后变为琥珀色，此时果实外表无明显被害状，以后青果皮皱缩变黑腐烂引起大量落果，隧道内充满虫粪，被害处黑烂。早期被害果果皮皱缩变黑提早脱落，个别虽未落但种仁已经变质，完全失去了食用价值，但幼虫不转果为害。幼虫6月中旬开始为害，有的年份发生早，6月上旬即开始为害，为害期6～8月，老熟幼虫7月中旬开始脱果，盛期在8月上旬，9月末还有个别幼虫脱果。越冬茧以靠近树干基部地面土下1厘米处最多。

4.防治妙招

（1）人工防治　及时摘拾被害核桃的黑果集中销毁，减少当年和下一年的为害。受害轻的核桃树7月上旬幼虫脱果前，及时捡拾落果和提前采收被害黑果深埋，杀灭幼虫，直接消灭越冬虫源，可减少下一代的虫口密度。冬季结冻前彻底清除树下枯枝落叶与杂草，刮除树干基部翘皮，集中烧毁。并翻耕土壤，消灭越冬幼虫及虫茧。

提示　每年6月下旬～8月上旬及时摘拾被害的黑果，8月中旬以后老熟幼虫大部分脱果入土结茧，此时摘拾的黑果失去防治效果。
　　摘拾黑果必须连摘3年，防治效果可达90%以上，否则效果不佳。

（2）**深翻树盘、地面喷药**　采果后至土壤封冻前，或翌年早春5月举肢蛾成虫未羽化前，进行树冠下耕翻，树冠下垦复、耕种、扩盘，清除枯枝落叶、杂草。刨树盘深度约15厘米，范围稍大于树冠垂直投影面积，冻死越冬幼虫。或将越冬幼虫翻至土壤深层不能化蛹羽化。并结合耕翻，5月上中旬成虫出土前在刨过的树盘内，可在树冠下地面上撒施5%辛硫磷粉剂，每667平方米2千克，或喷施氯唑磷（米乐尔）3%颗粒剂2千克/公顷，或25%辛硫磷微胶囊1千克/公顷，或除虫精粉剂2千克/公顷等杀虫，施药后浅锄，使药剂与土壤充分混合均匀，破坏越冬虫茧，可消灭部分越冬幼虫。

（3）**诱杀**　成虫羽化期采用性诱剂诱捕雄成虫，减少交配，降低下一代虫口密度。

（4）**药剂防治**　掌握成虫产卵盛期及幼虫初孵期（6月中旬～7月上中旬），从成虫产卵期开始，在成虫羽化、产卵盛期树冠喷药。一般年份当年举肢蛾化蛹率达25%，羽化率达15%时，或以当地小麦即将开始收割时为第1次喷药时间。每隔10～15天喷1次25%西维因可湿性粉剂400～600倍液，或2.5%的敌杀死5000～6000倍液，或50%辛硫磷乳油1000倍液，或2.5%溴氰菊酯乳油3000倍液，或20%杀灭菊酯乳油3000倍液等；也可选用清除黑核桃、绝杀举肢蛾、虫蛾除尽、全能等，均为1000～1500倍液；或高效氯氟氰菊酯1000倍液；或桃小灵1500倍液等；连续喷3～4次，将幼虫消灭在蛀果之前，效果很好。

郁闭的核桃园，在成虫发生期可使用烟剂熏杀成虫。

提示 喷药时，如果是成片的核桃园，最好统一进行喷洒。注意树冠上、下、内、外的果实要着药均匀，喷后如遇到下大雨，雨后应及时补喷。

（5）生物防治 在6月释放松毛虫、赤眼蜂等天敌，可控制害虫为害程度。

二十四、桃蛀螟

也叫桃斑螟、桃蛀心虫、桃蛀野螟，为鳞翅目、螟蛾科、蛀野螟属。

1.症状及快速鉴别

幼虫先在果面为害，稍大蛀入果内，蛀果和种子。被害果内、外排积粪便，堆有大量虫粪，常造成腐烂、早落（图3-80）。

2.形态特征

图3-80 桃蛀螟为害状

（1）成虫 体长12毫米，翅展22～25毫米，黄至橙黄色。体、翅表面有许多黑斑点，似豹纹（图3-81）。

（2）卵 椭圆形，长0.6毫米，宽0.4毫米。表面粗糙，布有细微圆点。初为乳白色，渐变为橘黄、红褐色。

图3-81　桃蛀螟成虫

（3）幼虫　体长22毫米，体色多变，有淡褐、浅灰、浅灰蓝、暗红等色。腹面多为淡绿色（图3-82）。

图3-82　桃蛀螟幼虫

（4）蛹　长13毫米，初为淡黄绿色，后变为褐色。臀棘细长，末端有曲刺6根。

（5）茧　长椭圆形，灰白色。

3.生活习性及发生规律

在辽宁一年发生1～2代，河北、山东、陕西3代，河南4代，长江流域4～5代。均以老熟幼虫在残株内结茧越冬。在河南1代幼虫于5月下旬～6月下旬先在桃树上为害，2～3代幼虫在桃树和高粱上都能为害，4代在夏播高粱和向日葵上为害，以4代幼虫越冬。翌年越冬幼虫4月初化蛹，4月下旬进入化蛹盛期，4月底～5月下旬羽化，越冬代成虫将卵产在桃树上。6月中、下旬1代幼虫化蛹，1代成虫6月下旬开始出现，7月上旬进入羽化盛期。2代卵盛期紧接着出现，这时春播高粱抽穗扬花，7月中旬为2代幼虫为害盛期。2代羽化盛期在8月上、中旬，这时春高粱近成熟，晚播春高粱和早播夏高粱正抽穗扬花，成虫集中在高粱上产卵。第三代卵在7月底～8月初孵化，8月中、下旬进入3代幼虫为害盛期。8月底3代成虫出现，9月上中旬进入盛期，这时高粱和桃果已经采收，成虫将卵产在晚夏高粱和晚熟向日葵上。9月中旬～10月上旬进入4代幼虫发生为害期，10月中、下旬气温下降，以4代幼虫越冬。雨多年份发生重。

4.防治妙招

（1）**清除越冬幼虫**　在每年4月中旬越冬幼虫化蛹前，清除玉米、向日葵等寄主植物的残体，并刮除核桃树老翘皮集中烧毁，减少虫源。

（2）**拾毁落果和摘除虫果**　将病果带出园外集中处理，可沤肥或深埋，消灭果内幼虫。

（3）**诱杀成虫**　在核桃园内设置黑光灯或用糖、醋液诱杀成虫，可结合诱杀食心虫进行。

（4）**化学防治**　要掌握1、2代成虫产卵高峰期喷药。可用Bt乳剂500～600倍液，或2.5%功夫（高效氯氟氰菊酯）乳油3000倍液，或2.5%溴氰菊酯乳油3000倍液，或50%辛硫磷1000倍液，或1.8%阿维菌素6000倍液，或25%灭幼脲1500～2500倍液，均匀喷雾。

（5）**生物防治**　喷洒苏云金杆菌75～150倍液，或青虫菌液100～200倍液。

保护和利用黄眶离缘姬蜂、广大腿小蜂等害虫的天敌。

二十五、核桃果象甲

也叫核桃长足象甲、核桃甲象虫，属鞘翅目、象甲科。

1.症状及快速鉴别

寄主专一，只为害核桃，幼虫蛀食果实、嫩枝、幼芽等，尤以幼虫为害最重。幼虫在核桃果内取食种仁，果仁被食害后果内充满棕黑色粪便，6～7月造成果实大量脱落。严重时可造成核桃绝收。成虫啃食嫩叶、嫩梢及幼果皮，影响核桃树生长，导致减产。

2.形态特征

（1）**成虫**　体长约10毫米，黑褐色，略有光泽，密布棕色短毛。头管较粗，密布小刻点。触角膝状，着生在头管的1/2处。前胸背板密布黑色瘤状凸起。鞘翅上有明显的条状凹凸纵带，鞘翅基部明显向前凸出（图3-83）。

图3-83 核桃果象甲成虫

（2）卵 长1.2～1.4毫米，椭圆形，半透明。初产时黄白色，孵化前变为黄褐色。

（3）幼虫 老熟幼虫体长14～16毫米，弯曲肥大。头部棕褐色，其余部分淡黄色。

（4）蛹 长约10毫米，初为乳白色，后变为黄褐色。

3. 生活习性及发生规律

一年发生1代。以成虫在树干基部阳面的粗皮缝中，或背风向阳处温暖的杂草及表土层内越冬。翌年4月下旬～5月核桃树萌芽后成虫开始活动，上树取食芽、嫩梢、嫩叶补充营养。成虫行动迟缓，飞翔力弱，有假死性，喜光，多在阳面取食、活动。5月中旬前后成虫开始交尾产卵。产卵前先在果面咬成约3毫米深的卵孔，然后在孔口产卵，再调头用头管将卵送入孔底，后用淡黄色的胶状物将孔封闭。每果常产卵1粒，每头雌虫可产卵105～183粒，平均124粒。卵期3～10天，平均8天。5月中下旬，幼虫孵化后蛀入果内。4～5月发生的幼虫，在内果皮硬化前主要取食果仁，蛀道内充满黑褐色粪便，种仁变黑，虫害果开始脱落，幼虫随着虫果落地后继续在果内取食种仁。7～8月发生的幼虫多在中果皮取食，使果面留有条状下凹的黑褐色虫疤，种仁瘦小品质下降。幼虫老熟后在果内化蛹，整个幼虫期约50天。6月下旬开始化蛹，蛹为裸蛹，蛹期约10天。6月中旬～7月上中旬蛹羽化为成虫，将虫果果壳咬开1小孔，爬出果外飞到树上觅食叶梢。在树上取食一段时间后寻找场所越冬。

4.防治妙招

（1）**人工防治，消灭虫源** 5月中下旬虫果开始脱落时，每天及时捡拾落果，并摘除树上的被害果集中处理，消灭幼虫、蛹和未出果的成虫。或用80%敌敌畏乳油500倍液喷洒处理虫害果后进行深埋。也可在成虫发生盛期振动树枝，树下铺置塑料布收集并处理落地成虫。

秋冬季清除果园及附近杂草、枯枝落叶、落果等，并进行喷药、焚烧、深埋等处理。

（2）**地面施药** 每年春季结合施肥，在地面撒施6%甲敌粉并浅耕，杀死越冬成虫。

（3）**树上喷药** 从成虫出蛰盛期至幼虫孵化盛期是核桃果象甲药剂防治的关键时期。4月下旬核桃萌芽后核桃长足象成虫开始取食嫩梢、嫩叶。可用80%敌敌畏乳油800倍液，或50%辛硫磷乳剂1000倍液，或25%西维因可湿性粉剂500倍液等药剂进行树冠喷雾。

如果以上方法防治效果不佳，可在5月中下旬幼虫发生期用90%晶体敌百虫1000～1500倍液毒杀初孵幼虫。

（4）**生物防治** 在药剂防治适期用含孢量2亿个/毫升的白僵菌液，在相对湿度80%以上时喷雾，效果良好。

另外，红尾伯劳、寄生蝇和一些蚂蚁是核桃果象甲的天敌，应注意保护、招引和利用。

二十六、核桃横沟象

也叫核桃根象甲、核桃黄斑象、核桃根颈象，为鞘翅目、象甲科。

1.症状及快速鉴别

以幼虫在核桃根部为害表皮层，在长势旺盛或种植在村庄旁土地肥沃及坡底低洼处的核桃树上为害较为严重。核桃树根皮似被环剥状。常与芳香木蠹蛾混合发生，造成树势衰弱，甚至整株枯死。此外成虫还可为害果实、嫩枝、幼芽和叶片，常与核桃果象甲混合发生。受害叶被吃成长8～17毫米、宽2～11毫米的长椭圆形孔，被害果实被吃出长9毫米、宽5毫米的椭圆形孔，深达内果皮，影响树势及果实发育。还为害芽及幼枝嫩皮，导致核桃树长势缓慢，被害果仁干缩，减产。嫩枝、幼芽被害后影响翌年结果（图3-84）。

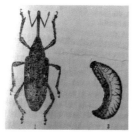

图3-84　核桃横沟象成虫、幼虫及为害状

2.形态特征

（1）成虫　体长12～17毫米（不含喙），宽5～7毫米，雌虫体略大。体全身黑色，被白色或黄色毛状鳞片。头部延长呈管状，长约为体长的1/3。喙粗而长、密布刻点，长于前胸，两侧各有1条触角沟。雌虫喙长4.4～5毫米，触角着生于喙前端1/4处。雄虫触角着生于喙前端1/6处。触角11节，膝状，柄节长，常藏于触角沟内。复眼黑色。前胸背板宽大于长，中间有纵脊，密布较大而不规则的刻点，各有4个暗红褐色绒毛斑。鞘翅上的点刻排列整齐。鞘翅近中部和端部有数块棕褐色绒毛斑。

（2）卵　椭圆形，长1.6～2毫米，宽1～1.3毫米。初产时乳白色或黄白色，逐渐变为米黄色或黄褐色。

（3）幼虫　老熟幼虫体长14～20毫米，头宽3.5～4毫米。体黄白或灰白色，弯曲，肥壮，多皱褶。头部暗红褐色，口器黑褐色。

（4）蛹　长14～17毫米，黄白色，末端有2根褐色臀刺（图3-85）。

图3-85　核桃横沟象成虫、幼虫、蛹及卵

3.生活习性及发生规律

二年发生1代，跨3个年度。以成虫及幼虫越冬，幼虫在核桃树根皮内部过冬，成虫一般多在种植园土表层或向阳杂草丛内越冬。幼虫经过2个冬季后，越冬成虫在第三年的3月下旬开始活动，4月上旬日平均气温约10℃时上树取食叶片和果实等进行补充营养。5月为活动盛期，6月上中旬为末期。5月中下旬开始化蛹，一直持续到8月上旬，7月中旬是羽化盛期，蛹期11～24天。成虫羽化后会在蛹室内停留约2周，然后咬破蛹室，再停留2～3天后从羽化孔爬出，上树取食核桃树叶片、嫩枝芽及根部皮层营养作为补充。成虫爬行快，飞翔能力差，仅作短距离飞行，有假死性和弱趋光性。8月上旬成虫开始产卵，中旬为产卵高峰期，多产于根部的裂缝和嫩根表皮层中，直至10月上旬结束，成虫开始过冬。翌年成虫5月中旬再开始产卵，直至8月上旬产卵结束。雌成虫产卵前先用头管咬成1.5毫米直径大小的圆孔，后产卵于孔内，再转身用头管将卵送入洞内深处，然后用喙将卵顶到孔底，最后用树皮碎木屑覆盖封闭洞口。每处多数产卵1粒以上，1头雌虫最多可产卵111粒，平均60粒。后成虫开始逐渐死亡。卵期10～30天，平均22天。当年产的卵8月下旬开始孵化，10月下旬孵化结束。幼虫孵出1天后开始在产卵孔蛀入核桃树皮层取食树皮，随后蛀入韧皮部与木质部之间。90%的核桃横沟象幼虫在根颈地下蛀食，一般多集中在表土下5～20厘米深的根部皮层为害。少数幼虫沿着主根向下深入，最深可达45厘米，距树干基部140厘米远的侧根也普遍受害，为害核桃树皮层。还有少数幼虫沿根颈皮层向上取食，最高可达29厘米长，但害虫多被寄生蝇寄生致死。幼虫钻蛀的虫道弯曲，纵横交叉，虫道内充满黑褐色粪粒及木屑，虫道宽9～30毫米，被害树皮纵裂并流出褐色汁液。严重时1株树有幼虫60～70头，甚至上百余头，将根颈下约30厘米长的皮层蛀成虫斑，随后斑与斑相连造成树干环割，有时整株枯死。

害虫在每株虫口最多可达110头，被害株率一般达50%～60%，严重地区可达100%。食性单一，除为害核桃树外，尚未发现为害其他树种。为害程度与环境因子有关，一般在土壤瘠薄及干燥的环境，生长衰弱的树木受害轻。在坡底沟洼及村旁土质肥沃的地方以及生长旺盛健壮的核桃树上为害较重。幼树、老树受害轻，中龄树受害重。随着海拔升高，成虫出现时间推迟，为害也减轻。

4.防治妙招

（1）**清园**　及时摘除虫果、拾净落果，集中深埋。晚秋或冬季翻树盘，破坏越冬幼虫的生活环境，杀死越冬虫源。

（2）**适时采收，深埋剥离的青皮**　可降低翌年黑果率。

（3）**阻止成虫产卵**　根据成虫在根部产卵的习性，可在产卵前挖开树干基部的土层，用石灰泥浆封住根颈部，防止成虫产卵。此法简便易行，效果很好。

（4）**挖土晾根**　冬春季结合垦复树盘，挖开根颈部土壤，刮去根颈粗皮，降低根部温、湿度，造成不利于幼虫、虫卵越冬的外部环境，可使虫口下降75%～85%。

（5）**药剂防治**　成虫羽化出土前树下喷洒50%辛硫磷乳剂200～300倍液，然后浅锄或盖上薄土，毒杀出土成虫。或在树干基部周围覆土1～3厘米，可阻止部分成虫出土。

成虫产卵期的5～10月，可将核桃树根颈部土壤挖开，在根颈上涂抹浓石灰浆，可以有效地阻止成虫在根上产卵，通常情况下可维持2～3年。

在夏季6～7月成虫发生盛期，树冠喷2.5%溴氰菊酯3000倍液，或20%氰戊菊酯2000～3000倍液，或2.5%功夫乳油3000倍液等，间隔约10天喷1次，连喷2～3次。也可用含孢子2亿个/毫升的白僵菌液在树冠和根颈部喷雾防治成虫为害。

在春季幼虫开始活动为害时，挖开树干基部的土壤，撬开根部老皮，灌注80%敌敌畏乳剂100倍液，或敌百虫200倍液，或50%辛硫磷乳剂200倍液，然后封土防治幼虫，效果良好。7月成虫活动期在树冠根颈喷50%辛硫磷1000倍液。

（6）**注意保护和利用天敌**　主要天敌为寄蝇、小黄蚁、白僵菌及伯劳鸟等。寄蝇对幼虫的寄生率可达18%，蛹和幼虫有7%被小黄蚁取食，伯劳鸟可捕食成虫，白僵菌对蛹的自然感染率达9.1%，对这些天敌应注意加以保护和利用。

二十七、天牛

（一）云斑天牛

也叫多斑白条天牛，白条天牛、铁牛子、铁炮虫等，属鞘翅目、天牛科、白条天牛属。

1.症状及快速鉴别

云斑天牛以两种虫态相继蛀害核桃主干，啃食嫩梢。成虫为害新嫩枝皮层和嫩叶，使新枝枯死。幼虫蛀食枝干，由皮层逐渐深入木质部，蛀成斜向或纵向隧道，蛀道内充满木屑与粪便。核桃树受害轻时造成树势衰弱，树冠生长受阻，产量下降；严重时叶片凋谢，整株干枯死亡，还会导致木蠹蛾及木腐菌寄生（图3-86）。

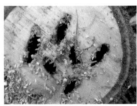

图3-86 云斑天牛为害症状

2.形态特征

（1）成虫 体长34～65毫米，宽9～15毫米。体黑褐色或灰褐色，密被灰褐色和灰白色绒毛（图3-87）。

图3-87 云斑天牛成虫

（2）卵　长6～10毫米，宽3～4毫米，长椭圆形，稍弯。初产时乳白色，以后逐渐变为黄白色。

（3）幼虫　老龄幼虫体长70～80毫米，淡黄白色，体肥胖，多皱襞，前胸腹板主腹片近梯形，前中部生有褐色短刚毛，其余密生黄褐色小刺突（图3-88）。

图3-88　云斑天牛幼虫

（4）蛹　体长40～70毫米，淡黄白色。头部及胸部背面，生有稀疏的棕色刚毛，腹部第1～6节背面中央两侧密生棕色刚毛。末端锥状（图3-89）。

3.生活习性和发生规律

同"第三章　板栗常见虫害的快速鉴别与防治"中"三十、天牛类"。

图3-89　成虫交尾

4.防治妙招

同"第三章　板栗常见虫害的快速鉴别与防治"中"三十、天牛类"。

（二）桑天牛

也叫褐天牛、桑褐天牛、桑干黑天牛、粒肩天牛，俗称凿木虫、哈虫、铁炮虫等，是一种较大型的天牛，属鞘翅目、天牛科。

1.症状及快速鉴别

主要以幼虫钻蛀树干为害林木。成虫啃食嫩枝皮层，也可取食嫩芽和叶片。幼虫在枝干木质部向下蛀食，隧道内无粪屑，每隔一段距离向外开蛀一通气排粪及排木屑孔，排出大量粪便和木屑。严重破坏树木正常生长，受害树体生长不良，树势削弱。严重时枝干枯死，导致树体死亡（图3-90）。

图3-90　桑天牛为害症状

2.形态特征

（1）**成虫**　雌虫体长约45毫米，雄虫约35毫米。黑褐色，体外密被黄褐色短细绒毛。触角鞭状，第1、2节黑色，其余各节灰白色，端部黑色。前胸背板有1不规则横皱脊，侧刺突粗壮，鞘翅基部密布黑色颗粒状突起，肩角有黑刺1个（图3-91）。

图3-91　桑天牛成虫

（2）**卵**　长5～7毫米，长椭圆形，稍弯曲。初产时黄白色，近孵化时淡褐色。

（3）**幼虫**　老熟幼虫体长60～70毫米，圆筒形，乳白色，头部黄褐色。前胸背板大，近方形，密布深褐色颗粒刻点，并有凹陷的"小"字形纹（图3-92）。

（4）蛹　长约50毫米，纺锤形。初为淡黄色，后变为黄褐色。

图3-92　桑天牛幼虫

3.生活习性和发生规律

同"第三章　板栗常见虫害的快速鉴别与防治"中"三十、天牛类"。

4.防治妙招

同"第三章　板栗常见虫害的快速鉴别与防治"中"三十、天牛类"。

（三）核桃星天牛

1.症状及快速鉴别

成虫啃食枝条嫩皮，食叶成缺刻。幼虫蛀食树干和主根，在皮下蛀食数月后蛀入木质部，并向外蛀1通气排粪孔，推出部分粪屑，削弱树势。在皮下蛀食环绕树干后，常使整株枯死。

2.形态特征

（1）成虫　体长19～39毫米，漆黑有光泽。触角丝状11节。小盾片和足跗节淡青色（图3-93）。

图3-93　核桃星天牛成虫

（2）卵　长椭圆形，长5～6毫米。初为乳白色，后为黄褐色。

（3）幼虫　体长45～67毫米，淡黄白色。头黄褐色，上颚黑色。前胸背板前方左右各具1黄褐色飞鸟形斑纹，后方有1黄褐色"凸"字形大斑，略隆起。胸足退化。

（4）蛹　长30毫米，初为乳白色，后为黑褐色。

3.生活习性和发生规律

同"第三章　板栗常见虫害的快速鉴别与防治"中"三十、天牛类"。

4.防治妙招

同"第三章　板栗常见虫害的快速鉴别与防治"中"三十、天牛类"。

（四）核桃光肩星天牛

1.症状及快速鉴别

幼虫蛀食树干。严重时可引起树木枯梢和风折。成虫咬食树叶或小树枝皮层和木质部。

图3-94　光肩星天牛成虫

2.形态特征

（1）**成虫**　体黑色，有光泽。雌虫体长22～41毫米，宽8～12毫米。雄虫体长20～29毫米，宽7～10毫米。头部比前胸略小（图3-94）。

（2）**卵**　乳白色，长椭圆形，长5.5～7毫米，两端略弯曲。孵化前变为黄色。

（3）**幼虫**　初孵幼虫乳白色，老熟幼虫淡黄色，头部为褐色，体长约50毫米。前胸背板凸字形斑在拐弯处角度较小。

（4）**蛹**　乳白色至黄白色，体长30～37毫米，宽约11毫米。触角前端卷曲呈环形，置于前、中足及翅上。前胸背板两侧各有1个侧刺突。

3.生活习性和发生规律

同"第三章　板栗常见虫害的快速鉴别与防治"中"三十、天牛类"。

4.防治妙招

同"第三章　板栗常见虫害的快速鉴别与防治"中"三十、天牛类"。

（五）红颈天牛

1.症状及快速鉴别

以幼虫蛀食树干和大枝，先在皮层下纵横串食，然后蛀入木质部，深达树干中心。虫道有规则，蛀孔外堆积有木屑状虫粪。受害植株树体衰弱，严重时造成树体死亡。

2.形态特征

（1）成虫　除前胸背部为红棕色外，其他部位全为黑色，有光泽（图3-95）。

图3-95　红颈天牛成虫

（2）卵　乳白色，米粒状。

（3）幼虫　乳白色，近老熟时略带黄色，体长约50毫米。前胸背板扁平，方形。

3.生活习性和发生规律

同"第三章　板栗常见虫害的快速鉴别与防治"中"三十、天牛类"。

4.防治妙招

同"第三章　板栗常见虫害的快速鉴别与防治"中"三十、天牛类"。

（六）核桃四点象天牛

1.症状及快速鉴别

成虫食害枝干嫩皮。幼虫在枝干的皮层和木质部内，喜欢在韧皮部与木质部之间蛀食。隧道不规则，内有粪屑。削弱树势，重者造成树体枯死。

2.形态特征

（1）成虫　椭圆形，体长8～15毫米，宽6～7毫米，黑色，被灰色短绒毛，杂有黄色毛斑。前胸背板中区有黑斑4个（前2斑大稍长，后2斑小稍短），鞘翅上有许多黄、黑斑，中段中央每翅有不规则大型黑斑1个（图3-96）。

图3-96　四点象天牛成虫

（2）卵　乳白色，椭圆形，长2～2.5毫米。

（3）幼虫　乳白色，长圆筒形，稍扁。老熟时体长约25毫米，第9腹节背中有小型尾刺1根。

（4）蛹　乳黄色，裸蛹，长10～14毫米。

3.生活习性和发生规律

同"第三章　板栗常见虫害的快速鉴别与防治"中"三十、天牛类"。

4.防治妙招

同"第三章　板栗常见虫害的快速鉴别与防治"中"三十、天牛类"。

二十八、核桃小吉丁虫

也叫核桃黑小吉丁虫，幼虫俗称串皮虫，属鞘翅目、吉丁虫科害虫。

1.症状及快速鉴别

以幼虫蛀入枝干皮层为害，多在2～3年生枝条皮层中呈螺旋形串圈串食为害，故又称串皮虫。被害处膨大成瘤状，在蛀道上每隔一段距离有1个新月形通气孔，并有少许黑色液体流出，干后显白色。破坏输导组织，养分和水分的通路受阻。受害严重的枝条叶片枯黄早落，多数梢干枯，生长衰弱，翌年春季枝条大部分枯死，造成大量枯枝，树冠逐年缩小，产量随之下降。幼树主干受害，树势变弱，往往生长缓慢，易形成"小老树"。严重时可导致全株死亡（图3-97）。

图3-97　核桃小吉丁虫为害状

2.形态特征

（1）成虫　长4～7毫米，黑色，有铜绿色金属光泽。触角锯齿状，复眼大黑色。前胸背板中部稍隆起，两边稍延长。头小，中央具纵沟，头、前胸背板、鞘翅上密布小刻点，排列为不规则条纹，鞘翅中部两侧向内陷（图3-98）。

图3-98　核桃小吉丁虫成虫

（2）卵　扁椭圆形，长1.1～1.5毫米。初产白色，1天后变为黑色。

（3）幼虫　体长7～20毫米，扁平，乳白色。头棕褐色，缩于第1胸节内。胸部第1节扁平宽大，中、后胸较小，腹部10节略同。背中央有1褐色纵线，腹末有1对褐色尾刺。

（4）蛹　为裸蛹。约5毫米，初为乳白色，后变为黄褐色，羽化前为黑色（图3-99）。

3.生活习性及发生规律

一年发生1代。以幼虫在2～3年生被害枝条木质部内越冬。在河北，越冬幼虫5月中旬开始化蛹，6月为盛期，化蛹期持续2个多月，

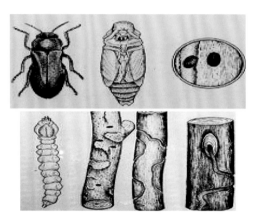

图3-99 成虫、蛹、卵、幼虫、羽化孔、幼虫坑道、蛹室

蛹期平均约30天。6月上中旬开始羽化出成虫，7月为盛期。成虫羽化后在蛹室停留约15天，然后从羽化孔钻出，经10～15天后取食核桃叶片补充营养，再交尾产卵。6月上旬～7月下旬为成虫产卵期。成虫喜光，卵多散产于树冠外围和生长衰弱的2～3年生枝条向阳光滑面的叶痕上及其附近。成虫寿命约40天，卵期约10天。7月上中旬开始出现幼虫，7月下旬～8月下旬为幼虫为害盛期，幼虫期长达8个月。初孵幼虫从卵的下边蛀入枝条表皮，随着虫体增大，逐渐深入到皮层和木质部中间，蛀成螺旋状隧道，内有褐色虫粪，被害枝条表面有不明显的蛀孔道痕和许多月牙形通气孔。受害枝上叶片枯黄早落，入冬后枝条逐渐干枯。8月下旬以后幼虫开始在被害枝条木质部筑虫室越冬。10月底幼虫全部进入越冬。

4.防治妙招

（1）加强综合管理　合理规划，适地栽植，选择土层深厚肥沃通透性好的立地条件建园。加强管理，增强树势，促进树体旺盛生长，提高抗虫害能力，是防治核桃小吉丁虫的有效措施。加强检疫工作，对带虫砧木、苗木或接穗应在25～26℃，用16克/立方米的氰化钠室内密闭约1小时，进行熏蒸处理。

（2）饵木诱杀　在成虫羽化卵期，及时设立一些饵木，诱集成虫产卵后，及时烧毁。

（3）**彻底剪除虫梢**　4～5月核桃发芽后至成虫羽化前，以及采果后至落叶前，结合核桃采收，大部分受害枝条提早枯黄或落叶，容易发现。将受害叶片枯黄的虫害枝条在成虫羽化前锯掉，并将被害枯枝、死树彻底清除集中烧毁，消灭幼虫及蛹，减少翌年虫源。

提示　4月中、下旬剪除为宜，最晚不得迟于5月上旬。这样可以将干枝中的越冬幼虫、蛹或羽化的成虫集中消灭。由于相当一部分幼虫在枯枝与活枝交界处越冬，剪除干枝时要多剪一段带上健康活枝，以免遗漏掉幼虫。

（4）**药剂防治**　6～7月成虫羽化出穴初、盛期，结合防治举肢蛾等害虫，进行树冠药剂喷雾，7天喷1次，连续喷3次。可喷80%敌敌畏乳油1500倍液，或50%对硫磷乳油1500倍液，或25%西维因600倍液，或90%晶体敌百虫800倍液，或2.5%敌杀死3500倍液，或10%氯氰菊酯2000倍液，或2.5%功夫乳油8500倍液，或2.5%溴氰菊脂乳剂3000倍液，或50%磷胺乳油800～1000倍液。对初孵幼虫、卵及成虫均有明显的防治效果，兼有防治举肢蛾等害虫的作用。

注意　树冠上下、内外要喷均匀，喷后下雨，雨后再补喷，防治效果显著。

二十九、黄须球小蠹

也叫核桃球小蠹、核桃小蠹虫，属鞘翅目、小蠹科。

1.症状及快速鉴别

以成虫蛀食为害核桃树新梢上的嫩芽，成、幼虫还可为害枝干，影响开花结实，造成大量减产，导致枝干枯死。受害严重时整枝或整株芽均被蛀食，造成枝条枯死。成虫和幼虫均可在枝条中蛀食，成虫多在枝条内蛀一长16～46毫米的纵向隧道，幼虫沿隧道向两侧蛀食，与成虫隧道呈"非"字形排列。常与核桃小吉丁虫混合发生，严重影响结果和生长发育。

2.形态特征

（1）**成虫**　体长2.3～3.3毫米，黑褐色，扁圆形。触角膝状，端部膨大呈锤状。头胸交界处有2块三角形黄色绒毛斑。鞘翅上有8条排列均匀的纵条纹。

（2）**卵**　短椭圆形。初产时白色透明，有光泽，后变为乳黄色。

（3）**幼虫**　老熟幼虫体长约3.3毫米。乳白色，椭圆形，弯曲，足退化。

（4）**蛹**　为裸蛹。初为乳白色，后变为褐色（图3-100）。

图3-100　黄须球小蠹成虫、幼虫、卵及蛹

3.生活习性及发生规律

每年发生1代。以成虫在顶芽或叶芽基部的蛀孔内越冬。翌年4月上旬开始活动，多在健芽基部和多年生枝条上蛀食补充营养。4月中下旬开始产卵，4月下旬～5月上旬为产卵盛期。产卵前雌虫先在衰弱枝条（特别是核桃小吉丁虫为害枝）的皮层内向上蛀食，形成一条长16～46毫米的母坑道，雌虫边蛀坑道边在母坑道的两侧产卵，每头雌虫产卵约30粒，卵期约15天。幼虫孵化后分别在母坑道两侧向外横向蛀食，形成排列整齐的子坑道呈"非"字形。待两侧的子坑道相接后，枝条即被环剥而枯死。

幼虫期为40～45天。6月中下旬～7月上中旬幼虫先后老熟化蛹，蛹期15～20天。成虫羽化后再停留1～2天，出孔上树为害。成虫飞翔力弱，多在白天特别是午后炎热时较活跃，蛀食新芽基部，形成第二个为害高峰。顶芽受害最重，约占63%，1头成虫平均为害3～5个芽后即开始越冬。

生长在坡地或土层瘠薄、长势衰弱的核桃树受害严重。同一树上枝、芽下部受害重。树冠外缘枝、芽比内膛受害严重。

4.防治妙招

（1）加强综合管理　加强土肥水管理，增强树势，提高抗虫能力。

（2）消灭虫源　根据黄须球小蠹为害后芽体多数不再萌发，甚至全枝枯死的特点，在春季核桃树发芽后将没有萌发的干枯虫枝或虫芽彻底剪除烧毁，清除害虫的产卵场所，消灭越冬成虫。当年新成虫羽化前发现生长不良的有虫枝条及时剪除，消灭幼虫或蛹，达到控制为害的目的。采收后至落叶前结合修剪，剪除虫枝烧毁，消灭越冬虫卵。

（3）饵木诱杀　越冬成虫产卵前在树上挂饵枝（害虫有在半干枝上产卵的习性，可利用上年秋季修剪的枝条作诱饵）引诱成虫产卵后，将枝条取下集中销毁。

（4）药剂防治　越冬成虫和当年成虫活动期，6～7月结合防治举肢蛾、刺蛾和瘤蛾，可喷洒25%西维因可湿性粉剂500倍液，或敌杀死5000倍液，或80%敌敌畏乳剂800倍液，或50%马拉松乳剂1000倍液，或2.5%溴氰菊酯乳剂4000倍液等药剂。每隔10～15天喷1次，共喷2～3次，可起到一定的防治效果。

三十、核桃瘤胸材小蠹

也叫山楂蠹虫，属鞘翅目、小蠹科。

1.症状及快速鉴别

以成、幼虫在木质部内蛀食，蛀孔外留下白色蛀屑，蛀孔坑道内布满白色菌丝，严重影响核桃树势（图3-101）。

2.形态特征

（1）成虫　体长2～2.5毫米，宽0.8～0.9毫米，雄虫较雌虫略小。体棕褐色，密被浅黄色茸毛。前胸背板红褐色，鞘翅暗褐至黑褐色，头部被前胸背板遮盖。

（2）卵　乳白色，半透明，直径18～20微米，近球形。

树体上的蛀孔　　　　为害后树体上留下白色蛀屑　　幼虫为害布满白色菌丝的坑道

图3-101　核桃瘤胸材小蠹为害状

（3）**幼虫**　体长约2.2毫米，白色。体肥胖，略弯曲，无足，疏生短刚毛。

（4）**蛹**　长2毫米，近长筒形。乳白色至浅黄色（图3-102）。

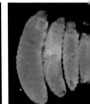

图3-102　成虫、卵及幼虫

3.生活习性及发生规律

一年发生2～3代。以成虫或幼虫在蛀道中越冬。翌年2月成虫开始活动，3月即进行交配并产卵于坑道中，4月可见幼虫。幼虫取食坑道中培育的菌丝体，5个龄期后形成蛹。第一代幼虫发生的高峰期在6月中旬，第二代幼虫发生高峰期在9月下旬。

成虫行动迟缓，多在老翘皮下蛀入树体，蛀孔圆形，直径约0.8毫米。蛀道不规则，水平横向居多，长短不一，一般10多厘米，长的可达20厘米，蛀道末端为卵室，每室10余粒。初孵幼虫活动于卵室内，后在蛀道内爬行。老熟幼虫在蛀道侧方蛀成蛹室化蛹。新羽化的成虫出树和侵入时，常在树干上爬行，并在蛀孔处频繁进出，是药剂防治的关键时期。

4.防治妙招

（1）加强综合管理　增强树势，减少虫害发生。

（2）药剂防治　成虫出树期，可喷20%速灭杀丁乳油，或2.5%功夫，或25%敌杀死、灭扫利、天王星、氯氰菊酯等菊酯类触杀剂2000倍液，喷洒树干成淋洗状态，毒杀成虫效果很好。可单用、混用或用其复配剂，均有良好效果。对吉丁虫等枝干害虫也有一定的兼治作用。

三十一、双鬃尖尾蝇

属双翅目，尖尾蝇科。

1.症状及快速鉴别

以幼虫蛀食核桃青果，果实受害率在50%以上。严重时青果皮内充满大量蝇蛆，单果多达30～40头，幼虫为害期较长。

2.形态特征

（1）成虫　体长6毫米，翅展约12毫米，黑色或暗灰色。头比身体略宽，黄褐色。复眼大，触角3节芒状。前背侧具双鬃，中胸发达，前后胸狭小。前翅膜质，具金属光泽（图3-103）。

图3-103　成虫

（2）卵　长约1毫米，乳白色。

（3）幼虫　蛆状，老熟幼虫6～9毫米。乳白色，略带淡黄。圆锥形，前端尖细，口钩黑色。

（4）蛹　圆筒形，金黄色，鲜明。羽化前变为黄褐色，成虫羽化为环裂式。

3.生活习性及发生规律

幼虫善于弹跳，弹跳是其转果为害的主要方式。果被为害完后，幼虫逸出，头尾相接成环状跳起，如果没落在青果上，继续弹跳，直至找到被害果为止。害虫为害量大，可能与其善于弹跳转果为害有关。

4.防治妙招

双鬃尖尾蝇为害核桃果实的方式与核桃举肢蛾基本相同，但在生活习性及为害时间上，二者有区别。因而，在防治上异于举肢蛾。

（1）清园　早春清除树下落叶、杂草、刨树盘，消灭越冬幼虫。

（2）诱杀　利用成虫趋性，可在成虫产卵前，用糖酸液或含有马拉硫磷的诱饵进行诱杀。

（3）摘拾虫果　由于害虫大量存在果内，摘拾并销毁虫果是减少当年和翌年害虫为害的重要措施，连续防治3年防效可达90%以上，并可兼治其他果实害虫，一举多得。

注意　摘拾黑果要坚持到核桃收获，不可半途而废。

（4）药剂防治　成虫产卵期，可向树冠喷2.5%敌杀死4000倍液，或50%的辛硫磷1500倍液，触杀初孵幼虫。每隔10天喷药1次，共喷3次，保果率可达95%以上。后期主要触杀弹跳转果为害的幼虫和毒杀果内幼虫。

提示　在防治举肢蛾的施药区，喷药结束10天后再继续喷药1次，因此时还是双鬃尖尾蝇的为害期。

（5）处理加工场地　因成熟的果内有很大一部分正在为害的幼虫。因此，收获后处理的青果皮不能到处乱倒，应集中深埋或烧毁。对处理青果皮的场地，也应进行药剂封锁，防止害虫扩散。

三十二、芳香木蠹蛾

也叫杨木蠹蛾，俗称红眼子，属鳞翅目、木蠹蛾科。幼虫受惊后能分泌一种特异的香味，所以叫芳香木蠹蛾。

1.症状及快速鉴别

以幼虫为害树干、根颈部和根部皮层及木质部。幼虫孵化后蛀入皮下，取食韧皮部和形成层，以后蛀入木质部，向上向下钻蛀不规则虫道。被害处可有十几条幼虫，蛀孔堆有虫粪。被害植株枝叶发黄，树势衰弱。虫道环割树干后可造成全株枯死，尤以中老龄树受害严重（图3-104）。

图3-104 芳香木蠹蛾为害状

2.形态特征

（1）**成虫** 体长30～40毫米，翅展60～90毫米，体翅灰褐色，腹背略暗。触角扁线状，头、前胸淡黄色，中后胸、翅、腹部灰乌色。前翅翅面布满呈龟裂状的黑色横纹（图3-105）。

图3-105 芳香木蠹蛾成虫

（2）**卵** 长约1.5毫米，近卵圆形。初产为白色，孵化前为暗黑色。

（3）**幼虫** 初孵幼虫粉红色，大龄幼虫体背紫红色，侧面黄红色，头部黑色，有光泽。体表刚毛稀、粗短。老熟幼虫长80～100毫米，体粗壮扁平，头紫黑色，体背紫红色，有光泽（图3-106）。

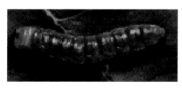

图3-106 芳香木蠹蛾幼虫

（4）**蛹** 暗褐色，长30～50毫米。

（5）**茧** 长圆筒形，略弯曲，长50～70毫米，宽17～20毫米。由末龄幼虫脱孔入土后至结缀蛹茧前吐丝构成，质地松软。

3.生活习性及发生规律

2～3年发生1代。以幼龄幼虫在树干内及末龄幼虫在根颈附近深约10厘米土层内结茧越冬。6～7月羽化，成虫弱趋光性，多夜间活动。在树皮缝或伤口内产卵，每处产卵十几粒。6～7月孵化幼虫。幼虫孵化后蛀入皮下取食韧皮部和形成层，以后蛀入木质部向上向下穿蛀不规则虫道，被害处可有十几条幼虫，蛀孔堆有虫粪。幼虫受惊后能分泌一种特异香味。10月下旬幼虫在木质部的隧道里过冬，翌年4月继续为害。9月下旬～10月上旬老熟幼虫爬出隧道，在向阳干燥的土壤中结茧越冬。

4.防治妙招

（1）消灭虫源。幼虫为害的新梢要及时剪除，消灭幼虫，防止扩大为害。及时发现和清理被害枝干，伐除为害严重的枯死树木及衰败树木等虫源树，并及时烧毁。结合秋季整形修剪，锯掉有虫枝，带出园外集中烧毁。

（2）利用成虫有趋光性，6～7月在成虫羽化期设置黑光灯诱杀虫蛾。

（3）敲击树干根颈部，有空响声时，即撬开树皮捕杀幼虫。或用50%的敌敌畏乳油100倍液刷涂虫疤，杀死内部幼虫。

（4）冬季结合刨树盘进行土壤深翻，挖出虫茧。树干涂白防止成虫在树干上产卵。

（5）药剂防治。在6～7月成虫发生产卵期结合其他害虫的防治，在距地面1.5米以下树干及根颈部，可喷50%的辛硫磷乳油1500倍液，共2～3次，消灭成虫。也可用2.5%溴氰菊酯，或20%杀灭菊酯3000～5000倍液喷雾防治初孵幼虫。5～10月幼虫为害期可用80%敌敌畏20～50倍液注入或喷入虫道内，并用湿泥土封严，毒杀幼虫。

（6）注意保护和利用啄木鸟等天敌。

三十三、六星黑点蠹蛾

也叫豹纹木蠹蛾、六星黑点豹蠹蛾、咖啡黑点蠹蛾等，为鳞翅目、木蠹蛾科、豹蠹蛾属。国内分布较广，为害核桃、山杏、石榴、碧桃、香樟和法桐等。

1.症状及快速鉴别

以幼虫蛀入枝干内部为害。导致受害枝条黄化，影响核桃树生长、开花结果及果品质量（图3-107）。

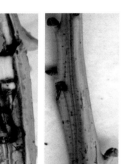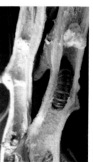

图3-107　六星黑点蠹蛾为害状

2.形态特征

（1）成虫　雌成蛾体长18～30毫米，翅展33～46毫米，体被灰白色鳞片。翅面有许多蓝黑色斑纹，前胸背板有6个明显蓝黑色斑点，前翅上有10个椭圆形黑斑点（图3-108）。

图3-108　六星黑点蠹蛾成虫

（2）卵　椭圆形，浅黄色。

（3）幼虫　末龄幼虫体长35～65毫米，深红色。头部黑色，体黄褐至黑褐色，胸部浅黄色。

（4）蛹　暗褐色（图3-109）。

3.生活习性及发生规律

在华北地区一年发生1代。以老熟幼虫或蛹在寄主蛀道内越冬。翌年5月出现成虫，有趋光性，昼伏夜出。卵产在伤口及粗皮裂缝

图3-109　六星黑点蠹蛾幼虫及蛹

处，卵期约20天。幼虫较活跃，有转移为害的习性。先绕枝条环食，然后进入木质部蛀成孔道。

4.防治妙招

（1）**人工防治**　人工捕捉成虫，经济有效。

（2）**消灭虫源**　及时剪除严重受害虫枝、枯枝，并烧毁虫源木。

（3）**生物防治**　招引啄木鸟，释放天敌。

（4）**药剂防治**　早春萌芽前喷3~5波美度石硫合剂，每10天喷1次，连喷2次，可杀死越冬害虫。成虫期喷施40%菊马合剂2000倍液，兼杀卵和初孵幼虫。在幼虫孵化蛀入期可喷见虫杀1000倍液等触杀药剂，或用吡虫啉2000倍液等内吸药剂进行有效防治。

幼虫为害期可用新型高压注射器，向树干内注射10倍液的敌敌畏等内吸性杀虫剂。

三十四、黑翅土白蚁

也叫黑翅大白蚁，为白蚁科、土白蚁属。

1.症状及快速鉴别

黑翅土白蚁营土居生活，是一种土栖性害虫，主要以工蚁为害树皮或浅木质层及根部，造成被害树干外形呈大块蚁路，长势衰退。当侵入木质部后树干枯萎，尤其对幼苗极易造成死亡。采食为害时做泥被和泥线，严重时泥被环绕整个干体周围形成泥套，为害特征很明显（图3-110）。

2.形态特征

属多型性昆虫，分有翅型的雌、雄生殖蚁（蚁后、蚁王）和无翅型的非生殖蚁（兵蚁、工蚁）等。一般有蚁后、雄蚁和工蚁3级（图

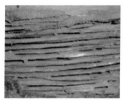

图3-110 黑翅土白蚁蚁路及为害状

图3-111 有翅型黑翅土白蚁成虫

3-111～图3-113）。卵为长椭圆形，长约
0.8毫米。乳白色，一边较为平直。

3.生活习性及发生规律

有翅成蚁一般叫繁殖蚁。在地下建
巢，有翅繁殖蚁每年3月开始出现在巢内，
4～6月在靠近蚁巢地面出现羽化孔，羽
化孔突起，圆锥状，数量很多。具有群栖
性，无翅蚁有避光性，有翅蚁有趋光性。

图3-112 蚁王

图3-113 蚁后

工蚁采食时，在树干上做成泥线、泥被或泥套，隐藏其内进行采食树皮及木纤维。黑翅土白蚁取食活动的适宜相对湿度约在85%，32℃以上高温和70%低湿以下，均不利于黑翅土白蚁的取食活动。11月底以后工蚁停止外出采食，回巢越冬。

4.防治妙招

（1）清园　清洁核桃园中的枯枝落叶。

（2）人工防治　在黑翅土白蚁集中为害处挖坑，将黑翅土白蚁喜食的松木、甘蔗、芦草等埋在坑中，保持湿润，并适量施入"灭蚁灵"等农药诱杀工蚁。

人工挖巢。每年从芒种到夏至的季节，如果地面发现有草腐菌（鸡枞菌、三踏菌、鸡枞花），地下必有生活的蚁巢，应进行人工挖除。

提示　在追挖过程中，要掌握"挖大不挖小，挖新不挖旧，对白蚁追进不追出，追多不追少"的原则，一定要挖到主巢，消灭蚁王、蚁后和有翅繁殖蚁，才能达到追挖的目的。

（3）物理防治　每年4～6月间，在有翅繁殖蚁羽化分飞分群盛期时，利用有翅蚁的趋光性，在蚁害发生严重的区域可悬挂黑光灯，诱杀有翅成蚁。

（4）保护与利用天敌　天敌有螳螂、山青蛙、蝙蝠以及各类蚂蚁、蜘蛛等。

（5）药剂防治　在被害植株基部附近用药喷施或灌浇，可防治白蚁为害。或用生石灰加多菌灵或甲基托布津对树干进行涂刷。

①压烟灭蚁。将压烟筒的出烟管插入主道，用泥封严道口，再将杀虫烟剂放入筒内点燃，扭紧上盖，烟便自然地沿着蚁道压入蚁巢，杀虫效果良好。

②喷洒药剂。准确勘测蚁道、蚁巢和分群孔，在蚁活动频繁的4～10月间喷施70%灭蚁灵粉剂，每巢用药3～30克可取得满意效果。也可直接喷多菌灵或甲基托布津。

③钻洞注药。已有白蚁腐蚀的地方，可钻洞注入多菌灵或甲基托布津白蚁专用药水。

第四章
核桃病虫害无公害综合防治

一、无公害防治

（一）防治原则

1.预防为主，综合防治

这是我国果树病虫害防治的总方针。预防为主是在病虫害发生之前采取措施，将病虫害消灭在未发生前或初发阶段。综合防治是从生物与环境的总体出发，本着预防为主的指导思想和安全、经济、有效、简易的原则，充分利用自然界抑制病虫害的各种因素，创造不利于病虫害发生及为害的环境条件，灵活、有机地选用各种必要的防治措施，即以农业综合防治为基础，根据病虫害的发生发展规律，因时、因地制宜，合理运用物理措施、生物技术及化学药剂防治等，经济、安全、有效地控制病虫为害。既要达到高产、优质、高效的目的，又要将可能产生的负作用降到最低限度，以保护和恢复生态平衡。

对于果树主要包括：一是从果树生产的自身特点和生态系统的总体观念出发，各种防治措施都要考虑病虫害与各种因素的相互关系，既要注意当时的防治效果，又要考虑多年持续性的生产特点，同时还要保护有益生物。二是要注意各种措施的有机协调与配合，充分利用农业综合措施，在此基础上合理选择并配合使用物理的、生物的及化学的有效方法，因时、因地、因病虫害种类不同而采取必要的防治技术，最终达到经济有效的防治目的。三是要全面考虑经济、安全、有效三者的有机结合，无论采取任何措施，都要做到既要控制病虫为害，又要注意节约人力、物力和财力，降低防治成本，最终达到丰产、优质、高效，并要保证人畜安全，避免或减少对环境的污染和对生态平衡的破坏。

2.抓住主要病虫害，主次兼治

在不同生长发育阶段或不同地区（或果园），核桃都可能受到多种病虫害不同程度的为害，但具体防治时要善于抓住主要病害或害虫种类，集中力量解决对生产为害最重的；同时也要密切注意次要病虫害的发展动态和变化，有计划、有步骤地进行防治。新建核桃园调运苗木时主要应考虑并坚决避免苗木所传带的危险性病虫，如菌核性根腐病等。幼龄核桃园以保叶促长为主，病虫害的防治重点是为害叶片的病虫害和严重为害枝干的害虫，如细菌性黑斑病、核桃缀叶螟等。盛果期以保果保树为主，防治重点是为害果实的病虫害和枝干病害，如举肢蛾、云斑天牛、炭疽病等。不同物候期防治的重点及措施也不相同，应从全局出发、有主有次、全面安排、统筹兼顾。休眠期的防治重点是依据当地的主要病害及害虫种类，搞好果园卫生，并采取相应措施消灭越冬的病原物和害虫。展叶开花期是防治病害的初侵染和害虫的始发阶段，应注意选好药剂种类、药剂浓度和用药时机等，主要针对当年可能严重发生的病害及害虫，而且要尽量兼顾其他病虫害。结果期至成熟采收期以保证果实正常生长发育为主，主要措施以保果为中心，兼顾保叶。此外，不同气候条件下的病虫害，防治重点也不相同，例如干旱年份或地区以防治叶螨类为主；在雨水较多的年份或地区应以防治细菌性黑斑病和炭疽病为主。

3.立足群体，点面结合

果树病虫害的防治主要是面对果树的群体，控制病虫害在群体中的发生与为害。病虫害造成园貌不整，必然影响单位面积和整体的产量与效益。单株发病往往是群体发病的基础和先兆。所以，防治核桃病虫害应点面结合，在注意群体的同时还必须重视单株。在全面防治的同时还必须重视少数植株的病虫害治疗。例如，有些害虫（如介壳虫类）在果园内扩展蔓延速度缓慢，发生为害具有相对的局限性，甚至只发生在个别植株上，就应以单株为单位进行防治，既达到防治目的又可节约投入成本。病斑和病树治疗及害虫有选择性的防治，既是避免死枝死树、保持园貌整齐的重要环节，也是预防病虫害由点到面扩大流行的有效措施。

4.措施得当，抓住要害

以最少的人力、物力、财力，最大限度地控制病虫为害，是搞好果树病虫害综合治理的基本要求。要掌握病虫害的发生规律和特点，将有限的人力、物力、财力用在最关键时刻。例如利用核桃瘤蛾幼虫白天在树皮缝隐蔽和老熟幼虫下树作茧化蛹的习性，可在树干上绑草把诱杀；利用成虫的趋光性在6月上旬～7月上旬成虫大量出现期间，可设黑光灯诱杀。措施得当必须有合理的防治指标，除少数特别危险性或检疫性病虫害要立足于彻底控制外，对绝大多数病虫害均不必要求其完全不发生。例如对叶部病虫害只要能控制叶片不早期大量脱落，保证果实和树体正常的营养供应即可。对果实病虫害只要能控制到病虫果率不超过5%即可。过高的要求只能用过高的防治投资成本来实现，不符合经济效益的防治原则。

5.重点突出，有效防治

在核桃生长发育过程中，都会有许多种害虫或病菌不同程度地对其造成影响，有的可以造成很大为害，有的几乎没有什么影响，即对人类的经济活动没有损害或损害甚微。例如有的食叶害虫或为害叶片的病害属于偶发性害虫或病害，一般只是零星发生，只为害极少数叶片，并不影响果树的正常生长发育或并不能造成显著的经济损失，这类害虫或病害虽然生产中偶有发生，但并不需要防治。但核桃举肢蛾、炭疽病等害虫或病害在山西、陕西、河南、河北等省的核桃主产区普遍发生，每年都有可能造成严重损失，所以必须进行针对性防治，以控制或减轻其为害程度。核桃枝枯病、腐烂病等枝干病害虽然一般只是零星发生，但其一旦发生后常造成受害树的死亡，能迅速蔓延扩展，损失较大，所以发现后也应尽快及时进行治疗，等到为害严重后再进行防治，为时已晚，后悔莫及。

6.保护环境，科学用药

病虫害的发生为害程度受环境条件制约，其中许多因素是可以人为控制的。在栽培管理过程中，有目的地创造有利于树体生长发育的环境条件，使树体生长健壮，提高其抗病虫能力；同时，创造不利于病虫活动、繁殖和侵染的环境条件，减轻病虫害的为害程度，是最理想的综合防治技术。通过控制小气候因素，减轻病虫害的发生为害程度，减少用药次数，保护环境，降低支出。例如合理修剪使果园通风透光良好，可降低核桃炭疽病的发生为害程度；加强土肥水管理，可使土壤疏松，通气良好，微生物活跃，提高肥力，有利于根系生长，可以减轻根部病害。

另外，农药使用不当，往往污染环境、增加成本，造成农药残留，使生态平衡受到严重破坏，诱发许多病虫害严重发生，进而导致农药用量进一步增加，形成恶性循环。所以在实际生产中，首先应该筛选和使用高效、低毒、低残留的专化性药剂，逐渐淘汰高毒、高残留的广谱性药剂；其次根据药剂的种类与性质、树体的敏感程度，以及病虫害的为害程度，对症下药，避免滥用农药；第三，推广病虫害的非农药防治措施，采取综合防治技术，逐渐减少对农药的依赖性。

（二）防治现状和用药分析

1.见病就治

多数果农无清园习惯，采果后不用药，给真菌、细菌潜伏与繁殖提供了大量机会，造成翌年病原基数大、发病率高、为害重，形成了见病不惜代价（用工多、用药量大）治病，树体受伤、产值受损（产量、品质降低）的恶性循环局面。

2.关键时期不用药（文不对题）

春季是杀菌防病的关键时期，应抓住时机合理用药。用药少不管用，用药多容易造成药害。

3.常规药剂抗药性强

连续使用有限可选择的药剂常导致产生较强耐抗药性，使效果降低、成本提升。

（三）总的防治思路

1.标本兼治

疑难病害的防治仅靠见症治症，特别是仅靠杀菌是不可行的，往往已经造成严重的损失，只有复壮树（株）体、增强抗逆性、解决病菌侵染途径，在生理健壮的基础上辅之以杀菌，才能达到标本兼治的效果。

2.早防重治

菌源一旦入园难以根除。真菌病源能够远距离传播。生理性病害（枝干流胶及日灼）一旦形成，在树势较弱、免疫力低下的情况下难以根除。所以要加强日常管理，从极早杀菌和复壮树体入手，解决侵染菌源的数量和侵染条件（伤口、气孔）问题。在发病条件来临（具备）前或在症状初显时，采用最佳得力的方案，尽最大可能杀灭病菌、解除病患，做到早防重治，最终达到无病、病轻、速效、省钱、省工的效果。

3.营养复壮

常规生产规程中所采用的化学农药，大多具有抑制生长甚至伤害果树的特征，其只能通过杀菌来达到防病治病的效果，不具有营养复壮的作用。而中（草）药制剂是药食同源，药肥双效，营养复壮，有利于展叶，叶绿体制造的叶绿素多，形成的有机质多，树体必然健壮。

二、综合防治

核桃病虫害的种类较多，防治措施也多种多样，仅仅依靠农药防治是达不到事半功倍的效果，还会对环境及果品造成污染。因此在核桃病虫害防治中，应从生态学的整体观念出发，采用植物检疫、农业防治、人工防治、物理防治、生物防治及化学防治等综合措施，将病虫控制在经济受害水平之下，达到高产、稳产、优质、无公害的目的。

核桃管理周年工作历见表4-1。

表 4-1　核桃管理周年工作历

月份	节气	物候期	主要工作内容	技术措施要求
1~2月	小寒、大寒、立春、雨水	休眠期	幼树防寒	1.休眠期伤流严重，不宜修剪 2.采用弓形弯苗或编织袋装埋土法和纸膜双层缠裹法，对幼树进行越冬防寒
3月	惊蛰、春分	萌芽前	1.追肥、灌水 2.树干涂黏胶环 3.病虫害防治	1.秋季未施基肥的地块，补施基肥，以人畜尿肥等基肥为主，施后灌水 2.树干距地10厘米宽的黏虫带，粘住并杀死上树爬小至若虫，树干刮平、黏虫带上绑上一块塑料布 3.病虫害防治：①萌芽前喷3~5波度美度石硫合剂，可防治核桃黑斑病、炭疽病、腐烂病、螨类、介壳虫；②刮除腐烂病斑，并涂50~100倍的4%农抗120
4月	清明、谷雨	萌芽、开花、展叶期	1.幼树解除防寒 2.预防霜冻 3.病虫害防治	1.4月上中旬萌芽时，刨土堆，取出缠裹的塑料膜及报纸等织物，解除防寒。可继续修剪，常用树形为主干疏层形，双层小冠形，开心形和纺锤形，中下部多疏，上部少疏 2.4月雄花膨大期，可疏除80%~90%的雄花芽 3.关注天气变化，有霜冻预报时点火熏烟 病虫害防治：①傍晚人工振动树干，捕杀黑金龟子和核桃扁叶甲；②防治核桃举肢蛾、核桃小吉丁虫；③防治黑斑病、炭疽病、腐烂病等病害，可喷1~2次4%的农抗120和农抗120倍液
5月	立夏、小满	果实膨大期	病虫害防治	1.防治核桃举肢蛾，树盘覆土防止成虫羽化，用性诱剂监测发生。碱或阿维菌素防治 2.用频振式杀虫灯，糖醋液诱杀桃蛀螟和举肢蛾吸虫
6月	芒种、夏至	花芽分化及硬核期	病虫害防治	对核桃褐斑病、枝枯病、溃疡病等病害，药剂应交替使用。喷多菌素或波尔多液防治
7月	小暑、大暑	种仁充实期	1.果园管理 2.病虫害防治	1.拾落果，采摘虫果、病果、集中深埋 2.树干绑草、诱杀核桃瘤蛾，灯光诱杀成虫 3.刺蛾、瘤蛾、核桃小丁虫，用苦参碱或除虫菊酯防治；褐斑病用倍量式波尔多液防治

月 份	节 气	物候期	主要工作内容	技 术 措 施 要 求
8月	立秋、处暑	成熟前期	1.排水 2.叶面喷肥 3.病虫害防治	1.叶面喷草木灰浸出液1~2次，促进树体枝条充实健壮 2.核桃瘤蛾二代、刺蛾等害虫，用苦参碱防治；桃蛀螟用糖醋液诱杀 3.旺枝摘心，缓和生长势
9月	白露、秋分	核桃采收期	施基肥，剪除病虫害枝条	1.采后修剪，疏除过密大枝，剪除干枯枝、病虫枝、回缩衰老枝 2.核桃大树株施100~200千克农家肥
10月	寒露、霜降	落叶前期	1.树干涂白防冻 2.大青叶蝉防治 3.病害防治	1.涂白剂配方：生石灰5千克、硫黄0.5千克、食用油0.1千克、食盐0.25千克、水20千克，搅拌均匀 2.大青叶蝉10月上旬开始在核桃枝干上产卵，阻止产卵：①霜降前涂白；②霜降前后，喷苦参碱防治 3.腐烂病、枝枯病、溃疡病等病斑，刮除病斑，或涂病皮，刮口最好涂10~15倍斯米康液，或涂1%的碱水，或涂硫酸铜液，或福涂100倍液
11~12月	立冬、小雪 大雪、冬至	休眠期	1.清园 2.幼树越冬前进行防寒处理	1.树盘深翻20~30厘米 2.清扫枯枝落叶、深埋，培肥地力 3.对1~2年生小树弯倒埋实；不易弯倒的用编织袋装土埋实；3年生树干用报纸和塑料膜捆裹，缠要时注意膜内防寒

参 考 文 献

[1] 杨文衡，郗荣庭. 核桃栽培. 北京：中国农业出版社，1987.

[2] 朱丽华，张毅萍. 核桃高产栽培. 北京：金盾出版社，1993.

[3] 王钧毅. 核桃栽培技术. 济南：济南出版社，1992.

[4] 农产品安全质量无公害水果产地环境要求. 中华人民共和国国家标准（GB/T 18407. 2-2001）.

[5] 钱传范等. 绿色食品农药使用准则. 中华人民共和国农业行业标准（NY/T 393-2000）.

[6] 喻璋，司胜利. 核桃病虫害防治. 北京：金盾出版社，1995.

[7] 曹挥，张利军，王美琴. 核桃病虫害防治彩色图说. 北京：化学工业出版社，2014.

[8] 孙益智. 核桃病虫害防治新技术. 北京：金盾出版社，2015.

[9] 张炳炎. 核桃病虫害及防治原色图册. 北京：金盾出版社，2008.

[10] 曹子刚. 核桃、板栗、枣病虫害看图防治. 北京：中国农业出版社，2006.

[11] 王江柱，核桃、柿、板栗高效栽培与病虫害看图防治. 北京：化学工业出版社，2011.

[12] 王江柱，王文江. 核桃、板栗高效栽培与病虫害看图防治. 北京：化学工业出版社，2011.

[13] 吕佩珂，苏慧兰，高振江. 板栗核桃病虫害防治原色图鉴. 北京：化学工业出版社，2014.

[14] 冯明祥，窦连登. 板栗病虫害防治. 北京：金盾出版社，2009.

[15] 王江柱，板栗、核桃、柿病虫害诊断与防治原色图鉴. 北京：化学工业出版社，2014.

[16] 冯玉增，刘小平. 板栗病虫害诊治原色图谱. 科技文献出版社，2010.

[17] 张铁如. 板栗无公害高效栽培. 北京：金盾出版社，2015.

[18] 张铁如，张巍，刘斌. 怎样提高板栗栽培效益. 北京：金盾出版社，2011.

[19] 李保国，齐国辉，毛富玲等. 河北省地方标准天B13/T653-2005. 无公害果品. 板栗生产技术规程，2005.

[20] 何运转，刘顺，张凤国等. 河北省地方标准. 无公害果品农药使用准则

[21] 张毅. 提高板栗商品性栽培技术问答. 北京：金盾出版社，2009.

[22] 黄增敏，刘绍凡. 果树栽培与病虫害防治新技术. 北京：中国农业科学技术出版社，2011.

[23] 王江柱，徐扩，齐明星. 果树病虫草害管控优质农药158种. 北京：化学工业出版社，2016.